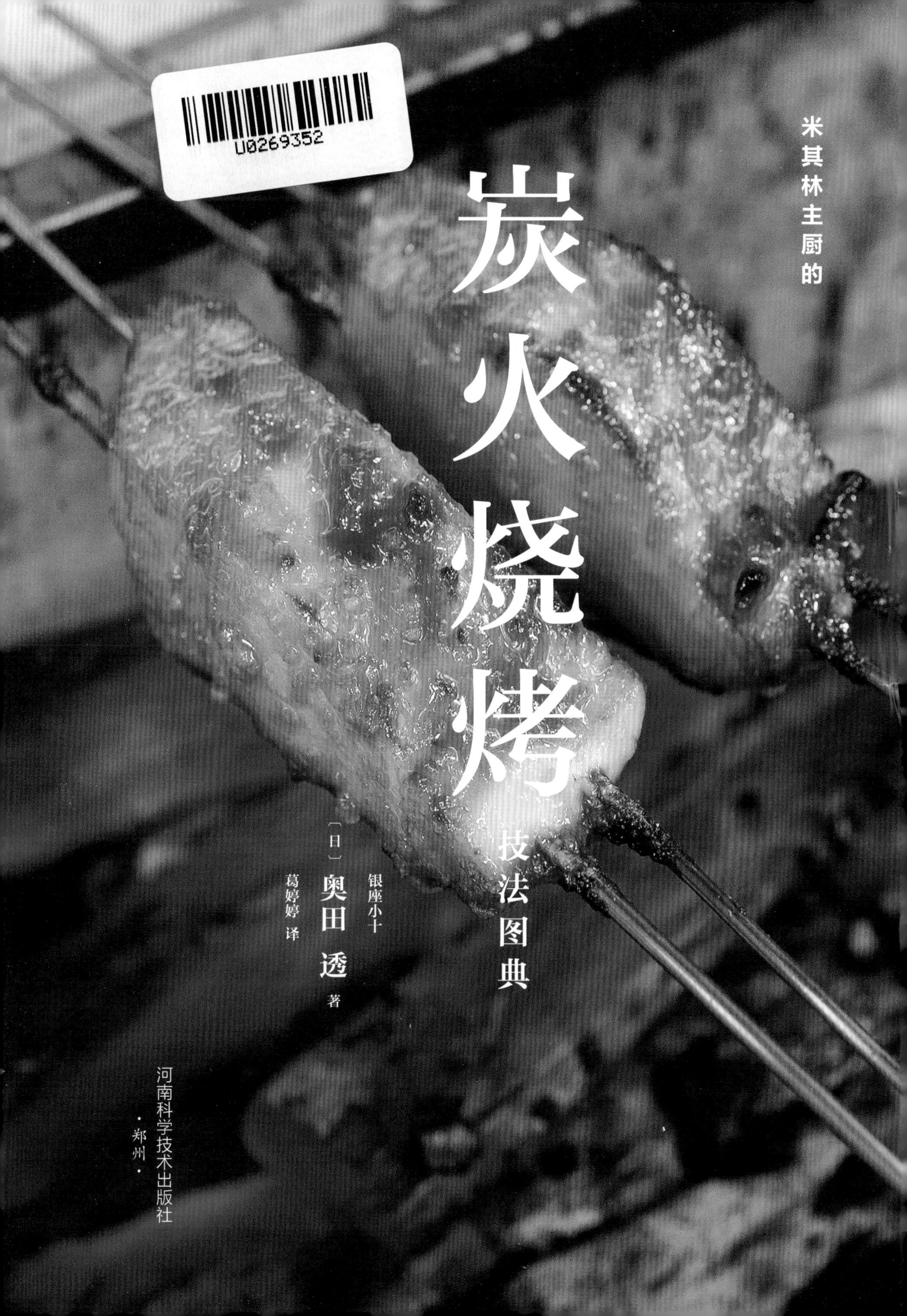



米其林主厨的

# 炭火烧烤技法图典

银座小十
〔日〕奥田透 著
葛婷婷 译

河南科学技术出版社
·郑州·

# 炭火的烟熏香气，就是最佳的调味料

对我来说，『烧烤』就意味着使用炭火来烤，不会做其他考虑。炭火是烧烤最佳的武器。用炭火烤出来的食物，与用其他热源烤出来的食物，其差异一目了然。用炭火烧烤时，由食材本身的油脂产生的烟熏香气，是其他任何调味料都无法比拟的。这就是炭火烧烤最大的魅力所在。

在数字化技术不断进步的今天，我深觉应让人们重新认识到这种富有魅力且简单的非数字化技法的妙处，于是写了这本书，以期促进该技法的广泛传播。炭火所造就的食物的独特香气和口感，以及受热方式等，是电子机器无论如何都无法实现的。炭火烧烤的技术，理应作为日本料理的重要技法之一而被摆正位置。在这本书中，我将挑战如何将那些难以解说的关于炭火烧烤的珍贵经验和美妙直觉，通过图片和数字而明确地呈现出来。

说起烧烤，在西式料理中，大多采用以平底锅或者烤箱作为媒介的间接烧烤形式。但是在日本料理中，则以不使用平底锅的直接明火烧烤为主。使用平底锅进行法式嫩煎时会使用某些油，虽然油确实可为食材增添美味，但食后可能仍有油腻感的后味留在口中。

与此相反，炭火烧烤不使用多余的油，食材本身的油脂滴落到炭上所产生的烟熏香气会成为最棒的调味料。不管是鸡肉还是牛肉，用炭火来烤都是最美味的。这种可令食材具有独特的香气、酥脆的焦皮、柔软的口感的烹饪方式，如果能传播至全世界，该是多么棒的一件事情啊。

尽管有炭原料不足、经验丰富者不足等诸多问题存在，但这么优越的技术，值得以正确的方式去大力推广。

这本书主要针对海鲜类和肉类，详细介绍炭火烧烤中从准备食材到烤好上桌的全部工序，希望能充分展现出炭火烧烤的魅力。同时希望这本书的出版能进一步促进炭火烧烤的发展，若还能对今后日本料理的发展有用那就太荣幸了。

银座小十　奥田　透

二〇一三年二月

蒲烧鳗鱼配碎山椒嫩叶
红薯蜜煮
醋渍蘘荷
山椒粉
白烧鳗鱼
伏见小绿椒
FALKSALT* 晶片海盐

*FALKSALT 为瑞典海盐品牌。

# 目录

## 第3章 肉类与蔬菜

蓝点马鲛鱼幽庵烧
竹笋渍烤
牛西冷盐烤
素炸蜂斗菜嫩花茎配芝麻酱
素炸蚕豆
素炸薤白
蜂斗菜叶佃煮
白萝卜山葵泥

梭子鱼包松茸烤
烤栗子
炸银杏
醋渍生姜

香鱼仔盐烤

本书中，烧烤时的火力从1到10以数字的形式来表示。步骤图片的文字解说末尾，必要时会加上表示火力的配合数字来标示火力大小。这个数字，不是由实际测定而确定的，而是主要以熟练的烧烤师傅的感觉为依据的，从微弱的小火到最强的大火分为1至10的10个级别，数字越大表示火力越强。希望能给予大家一个参考。另外，不仅可以通过点燃木炭（生火）的方式来调节火力，而且可以通过木炭的堆积方式来调节火力。

# 第1章 基本

# 食材的准备工作

炭火烧烤成功的诀窍和关键

## 1 使用大型的鱼

要烤出美味，首先应尽量使用较大型的鱼。因为大型鱼富含脂肪，肉质也更饱满，烤出成功成品的概率更大。

大型鱼被捕获之后，根据流通渠道不同到货时间也会有所不同，通常经由市场再送到店内大概需要2日。在『银座小十』，大型鱼会整只进货，到店后分解切开，再放置2日，待其充分熟成之后再使用。如果去掉内脏之后不分切而以整鱼形式放置，则要再多放置熟成1日。但是，保存天数会因鱼的大小和脂肪含量的不同而略有不同。

## 2 熟成

图中上面那片是刚切好的蓝点马鲛鱼，下面那片是切好后在冰箱冷藏室中放了2日熟成好的蓝点马鲛鱼，熟成好的鱼肉发红且有凝缩紧实的感觉。另外，要进行幽庵烧的话，适宜使用鱼身背侧的部位和腹侧靠近尾鳍的部位。鱼身腹侧靠近头部的部位比较薄，适合进行盐烤。通常每天开始营业后，会先从鱼身背侧的部位开始使用。

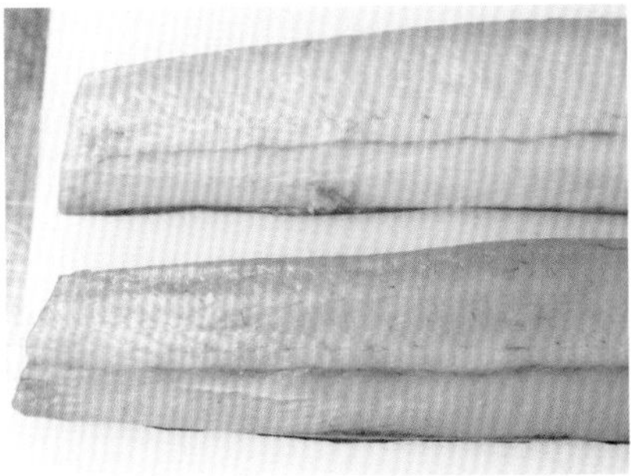

『炭火烧烤的科学』执笔
杉山久仁子
（日本横滨国立大学教育人类科学部教授、农学博士）

### 炭火烧烤的科学

○鱼类在死后10分钟至数小时内会出现僵直现象，鱼体会变硬。僵直是由于鱼体内糖原分解、乳酸积蓄，引起pH值降低及ATP（腺苷三磷酸）减少而造成的。ATP降解，IMP（肌苷一磷酸）积蓄，而IMP是鱼类重要的鲜味成分之一。

○白肉鱼与红肉鱼相比，出现死后僵直现象会晚一些，僵直时间更长。僵直变化会引起筋肉缩紧，使鱼肉更有嚼劲。

○僵直期结束后，鱼体内蛋白质在酶的作用下开始分解（自我消化），谷氨酸等氨基酸增加，鱼肉变软。这个过程称为熟成。由于大型鱼在僵直期会太硬，在自我消化开始后的熟成初期则较为柔软，也会具有较多鲜味。鱼体一旦开始自我消化，就会较容易因细菌大量繁殖而变质，所以应小心处理。

## 3 划刀口

烤鱼时，一般会先在鱼皮表面划出一些细刀口。若是横向划刀口，鱼皮会因收缩而导致从刀口处破裂，因此应与切去鱼头处的斜线成一定角度斜着划刀口。斜着划刀口，在加热时可以防止鱼肉收缩，且比较容易逼出鱼皮下的脂肪，使鱼肉呈现像用油微炸过的状态，能烤得更酥脆。再者，油脂和水滴落在炭上引起烟雾，更为食材增添烟熏香气。

再来具体分析一下，为何斜着划刀口可使鱼肉呈现微炸的状态。斜着划刀口，在烤制时鱼肉会膨胀裂开，溢出的油脂就不会马上滴落，而较易在刀口处积聚一段时间。油脂积聚在刀口处时，烤出的鱼肉就会呈现微炸的状态。

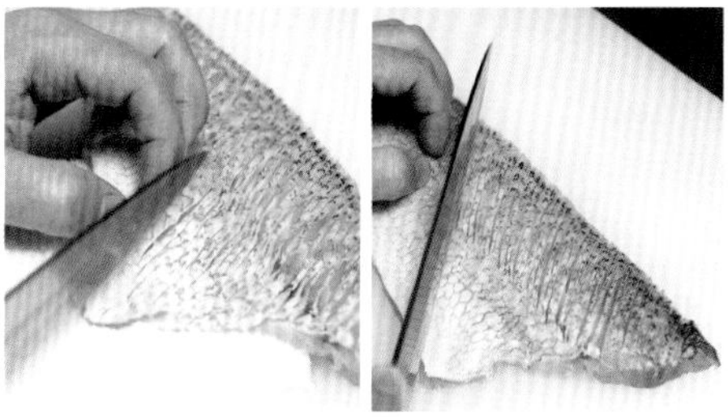

鱼身比较薄的部分，用毛巾等垫高之后会比较容易划刀口。

右边是斜着划刀口的鱼片，左边是直着划刀口的鱼片。

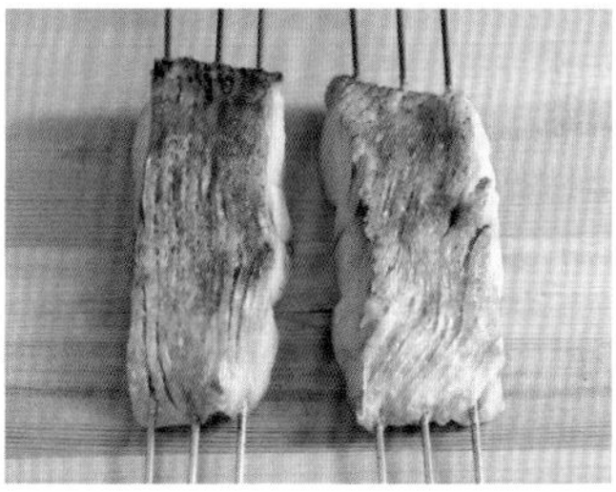

烤好之后，比起左边直着划刀口的鱼片，右边斜着划刀口的鱼片膨胀得更大。

## 4 撒盐

炭火烧烤前，食材一般都要撒盐（也叫作裹盐）。除了给食材增加咸味外，还有去除水分的作用。

通常在烤制前30分钟左右就撒盐。但是根据食材不同，比如盐烤香鱼等时，也有放在火上烤前才撒盐的情况，烤好之后盐粒还会留在表面，可以呈现出变化更丰富的烧色效果。

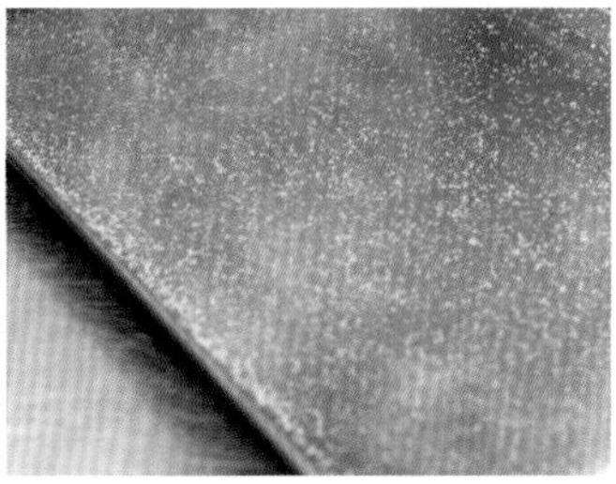

**1** 铁盘内撒上薄薄一层盐。

**2** 将鱼块鱼皮面朝下摆在铁盘内。

### 炭火烧烤的科学

○在鱼肉的表面撒盐，给鱼肉增添咸味的同时，渗透压的变化会引发鱼肉脱水现象，让鱼肉更加紧实。水分渗出的时候，作为鱼腥味来源的水溶性三甲胺也会随之排出，所以要充分去除渗出的水分。盐的渗透情况也会因鱼的种类而有所不同，脂肪较多的鱼渗透速度较慢。从鱼肉面加盐的情况与从鱼皮面加盐的情况也会有差异，从鱼皮面加盐时会较难渗透。可以将盐较难渗透的鱼皮面朝下，放入铺了薄薄一层盐的铁盘中，这样可以促进盐的渗透。静置一段时间，盐会更好地渗入鱼肉内部，同时也会更有助于从表面脱水。

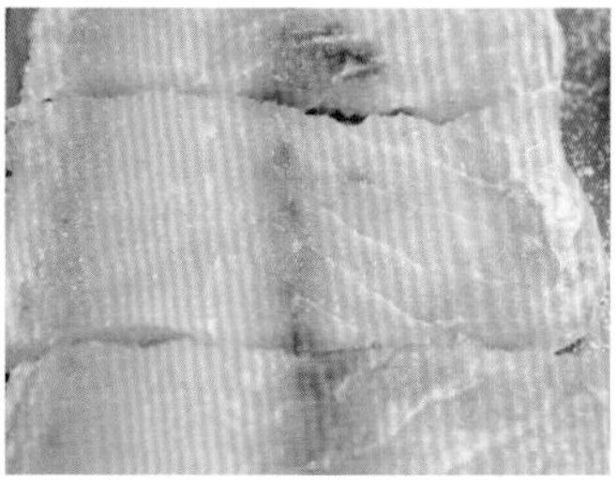

**3** 再从上方撒上薄薄一层盐。因为盐从上往下渗透，所以上面的盐要撒得稍微多一些。如果鱼皮面朝上摆放，因为有皮所以盐会难以渗入鱼肉中。在常温下静置30分钟使盐溶解。

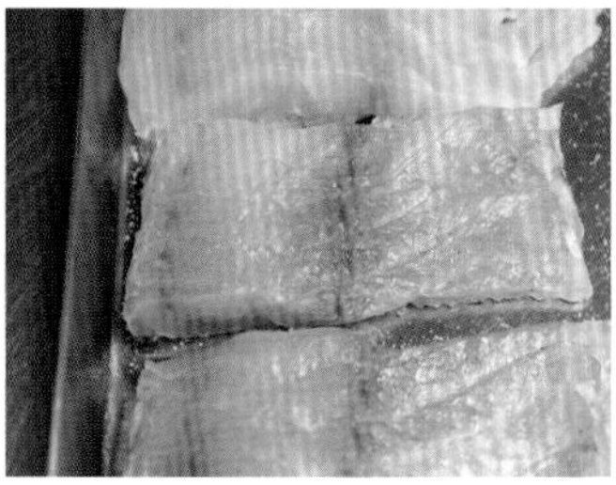

**4** 如果鱼肉变得湿润了，那就表示盐已经溶解并充分渗入鱼肉中了。

## 5 穿串

日本料理中的烤物，大部分情况都是穿成串来烤的。因为使用烧烤台时，除了使用烤网的情况，如果不穿串就没办法烤制。

鱼类食材穿串的时候，为了看起来生动鲜活，应弯曲鱼片或整鱼使其呈波浪状穿在烤扦上。使用鱼片时，为了使腹侧和背侧的鱼肉保持厚度一致，腹侧的鱼肉可折起来穿在烤扦上。

烤扦要从较小（薄）的一端开始刺入，向着较大（厚）的另一端穿过去。这里使用去了皮的蓝点马鲛鱼来进行示范。

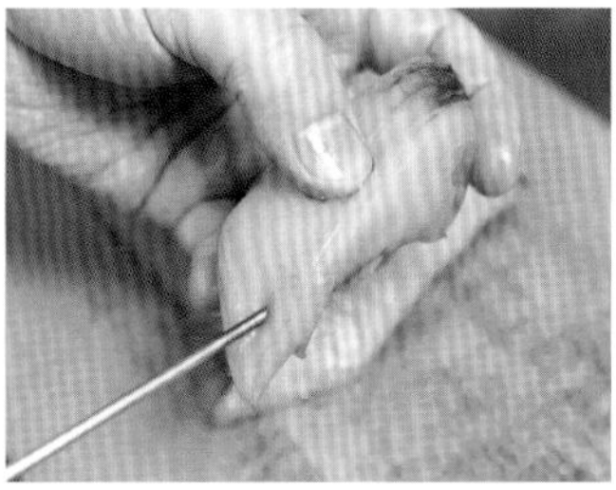

**1** 鱼皮面朝上，肉薄的一端放在近前，在鱼片靠右侧的位置刺入烤扦。

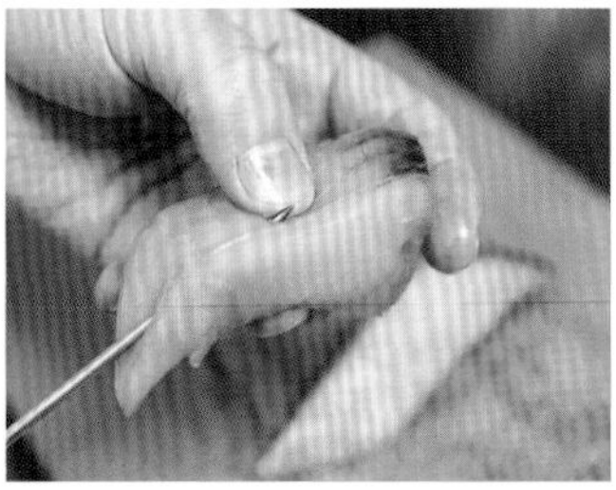

**2** 用大拇指按住接下来烤扦要穿出的位置，然后让鱼片弯曲呈波浪状，将烤扦从大拇指按住的位置穿出。

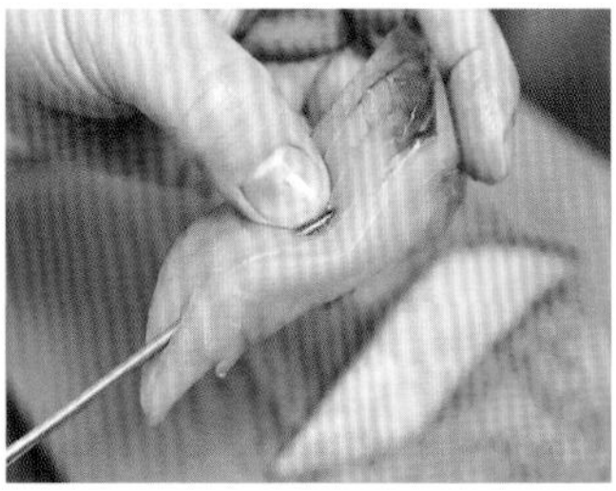

**3** 继续像缝衣服一样刺入烤扦。然后烤扦向着食指所示位置穿出。

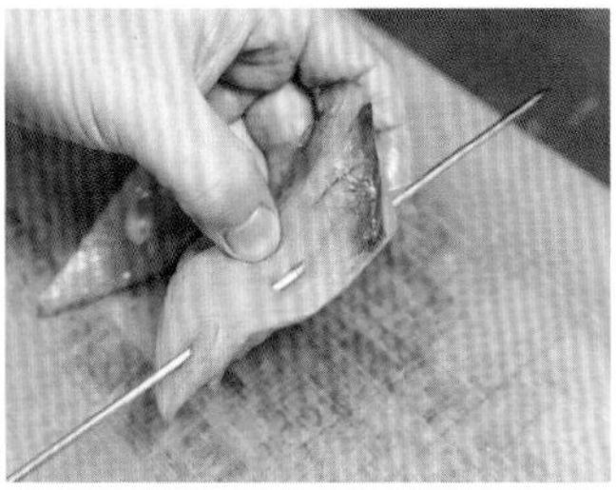

**4** 烤扦穿透食指所示的位置之后，直接笔直地刺穿出去。

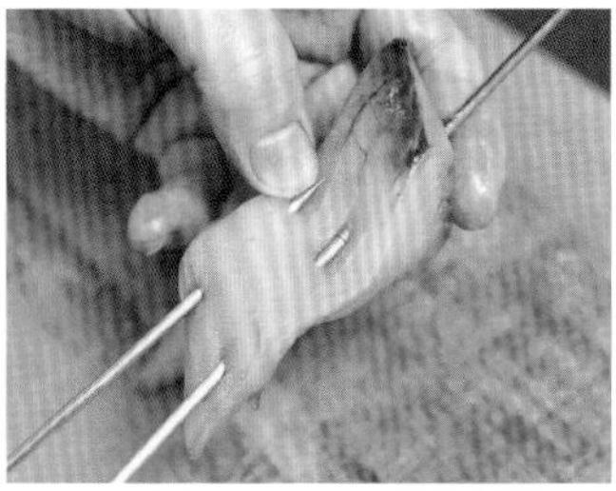

**5** 左侧也以相同的方法，与右侧的烤扦呈平行状态刺穿过去。

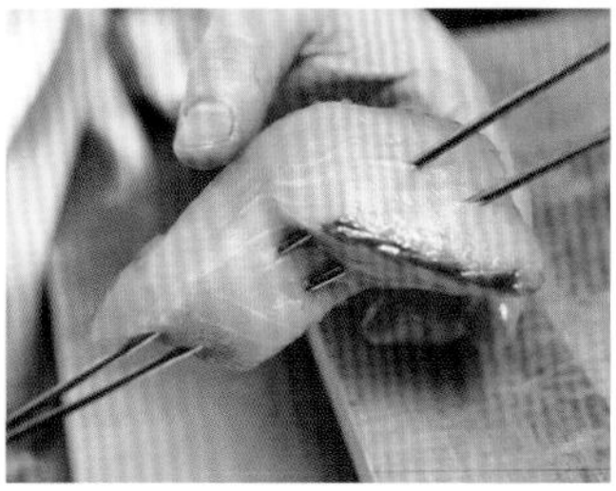

**6** 穿好的蓝点马鲛鱼。考虑装盘等因素，再进一步整形让鱼片看起来生动鲜活。

# 炭火烧烤的常用酱料

**［幽庵腌渍料］**

幽庵腌渍料是炭火烧烤中具有代表性的一种腌渍料。一般由味淋、清酒、浓口酱油混合制成，但是配方会根据鱼的种类或脂肪的分布情况等而有所不同。这里介绍两种不同的幽庵腌渍料配方。另外也有在腌渍料里加入日本柚子（香橙）的情况。

制作幽庵腌渍料时，在准备阶段就要先把清酒和味淋中的酒精蒸发掉。否则鱼浸泡在腌渍料中时，酒精会渗入鱼肉中，而烤制时就必须考虑如何将酒精挥发掉，所以事先煮沸使酒精挥发掉再使用比较好。

另外，浓口酱油在清酒和味淋冷却之后再加入比较好。如果在还热的时候加入，酱油就会因水分蒸发而味道变重。

［幽庵腌渍料A］

味淋　5.4 L

清酒　1.8 L

浓口酱油　2.7 L

［幽庵腌渍料B］（比例）

味淋　2份

清酒　1份

浓口酱油　1份

**1** 大锅内倒入清酒。

**2** 加入味淋。

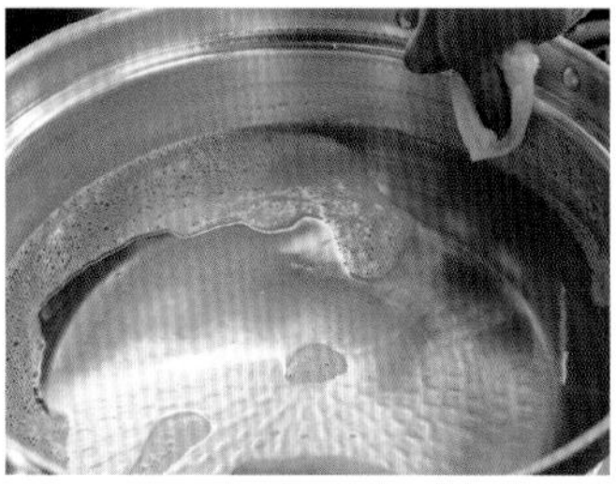

**3** 锅的内壁用毛巾擦拭干净。若有液体等残留物，开火加热后会烧焦。

**4** 开大火煮沸，待酒精完全挥发后关火。达到把火源凑近也不会被点着的程度，就表示酒精基本挥发完了。静置冷却。

**5** 完全放凉后倒入浓口酱油。

**6** 混合均匀，幽庵腌渍料即制作完成。可以放入瓶中常温保存。

**炭火烧烤的科学**

○渗透到鱼肉中的酒精，在烤制时多少能挥发掉一些，但如果表面的蛋白质凝固，渗透到内部的酒精就会难以挥发。

○另外，如果多余的酒精进入鱼肉中，必须要在烤制过程中注意将酒精完全去除掉，所以还是事先煮沸让酒精挥发掉比较好。

○酱油若受热则色泽和香味会发生变化，所以如果特别注重香味，避免受热会比较好。

## [味噌幽庵腌渍料]

幽庵腌渍料　800 mL
白粒味噌　300 g

（用作烤酱*时）

幽庵腌渍料　800 mL
白粒味噌　600 g

*烤酱，指在烤制过程中涂刷或浇淋在食材上的酱料。

**1** 幽庵腌渍料中加入白粒味噌后混合均匀，做成味噌幽庵腌渍料。

**2** 用作烤酱时的混合方式与步骤 1 一样，但因味噌分量加倍，味道会更浓郁。

## [鳗鱼酱汁]

用鳗鱼中骨和肝脏的部分可以做出鲜味浓郁的鳗鱼酱汁。也有将鳗鱼的中骨烤过之后再使用的情况，但是在『银座小十』，为了充分保持食材的原有风味，同时展现出鳗鱼本身美味的层次，所以不经过火烤而直接使用。烤过的中骨会被焦香味道全面占据，从而丧失了食材的原有风味。

另外，中骨可去除暗红色的血肉后冷冻保存起来，积攒到所需分量后再使用。

浓口酱油　3.6 L
味淋　1.4 L
中双糖*　2 kg
溜酱油**　100 mL
鳗鱼中骨　1 kg
鳗鱼肝脏　120 g

*中双糖，指以蔗糖为主要成分，表层喷上焦糖或混加焦糖，呈淡黄褐色的粗粒砂糖。

**溜酱油，指以大豆为原料而基本不使用小麦的味道鲜美、色泽深重的一种日式酱油。

1 浓口酱油、味淋、中双糖、溜酱油一起放入大锅内。

2 用毛巾擦拭干净锅内壁溅上的液体，以免开火后烧焦。开中火加热，若开大火则会使酱油变得过咸。

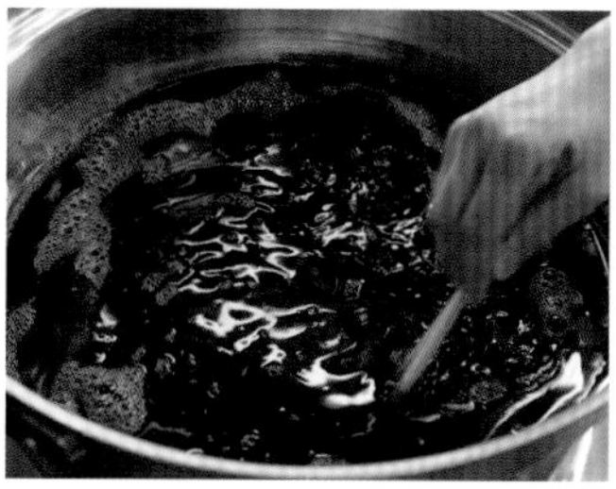

3 边中火加热边搅拌，直至中双糖溶化。一旦发现有液体溅到锅内壁边缘，就要擦拭干净。

4 中骨剔除干净暗红色的血肉后备用。

5 把中骨和肝脏放入大碗内，倒入沸腾的热水进行余烫。

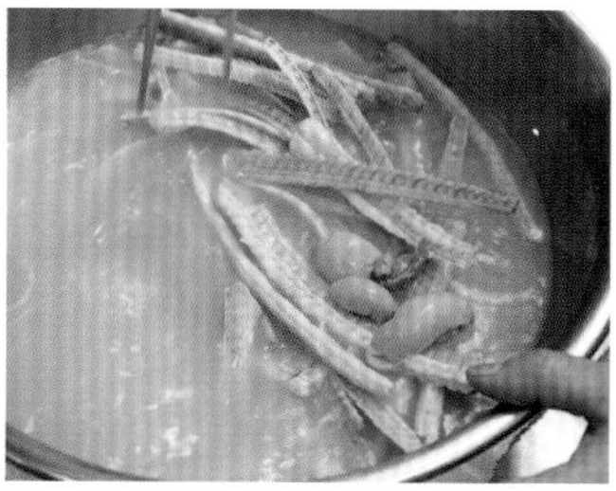

6 会有浮沫漂起来，所以要用流水冲洗，仔细清洗换水直至液体变得干净清澈。

7 用毛巾擦干余水。

8 中双糖完全溶化后，放入中骨和肝脏。在快要沸腾时转小火。

9 在不沸腾的状态下加热1小时左右，其间时不时用长柄汤勺舀出浮沫。

10 煮至汤汁减少约2成之后，过滤出汤汁，静置冷却后常温保存。

# 炭的使用

备长炭价格比较贵，但是与其他炭相比耐烧性特别好。其中纪州备长炭很有名气，属于相当稀少的品种。『银座小十』使用的是上土佐备长炭（马目备长炭整根型12 kg一箱装）。其材料来自乌冈栎，据说乌冈栎是木材最坚硬且最重的一种树木，正是这种坚硬度和重量使其更能耐受高温及长时间燃烧，成为致密的好炭。

选择炭时，以树木年轮排列紧密、没有裂痕的为最佳。图中是直径3 cm、长24 cm的备长炭。

## 1 用炭生火

**1** 把烤网放在煤气灶上，在烤网上堆积适量的炭后点火。若堆积约9根炭，则20~30分钟炭就能烧至图中的通红程度。

**2** 烧烤台下方的底盘内先放入一些炭灰。想要减弱炭火的火力，或者防止炭上蹿出火焰的时候，可用炭灰撒在炭上进行调整。

**3** 首先在烧烤台中平铺步骤1中已经烧红的炭。

**4** 其上再放上几根烧过的消炭。比起新炭来说，烧过的消炭更容易让火着起来。消炭可作为已经烧红的炭和新炭之间的『桥梁』。

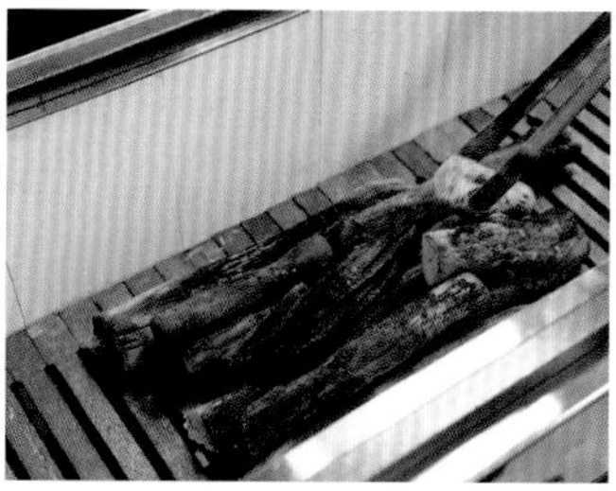

**5** 消炭上再放上新炭。

**6** 在最上层再放上几根烧得通红的炭。上下都是烧红的炭，形成消炭和新炭都被夹在中间的形态。

**7** 最上面覆盖由数层铝箔纸组成的罩子，起到保温的作用。这样加热直至烧烤台的四个侧面均变热。

## 2 炭床的设置

把铝箔纸卷起来做成隔板，隔板的左侧放上烧得通红的炭作为火力**10**的高温区，准备好后从上方用铝箔纸盖上。隔板的右侧作为火力**7～8**的大火区。大火区旁边是火力**4～5**的中火区，中火区旁边为火力**2～3**的小火区。炭床这样准备好待用。

## 3 炭的灭火方法

营业结束后，将炭浸到水中使火彻底熄灭。这不仅是出于安全方面的考虑，浸过水后炭孔隙中的空气也会被逼出，下次再使用时炭就不容易爆裂。

**1** 将炭浸入水中，使火彻底熄灭。

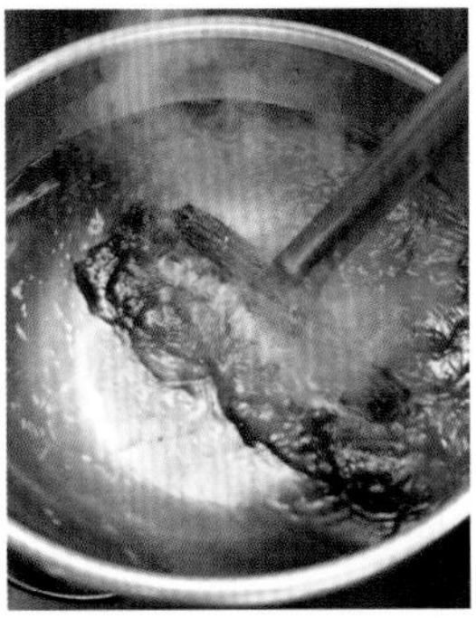

**2** 同时水里会出现气泡。

**3** 静置到完全没有气泡出现为止。

## 4 烧烤台的打扫

营业结束后，要打扫烧烤台。使用过的炭已经用『3 炭的灭火方法』中的方法彻底熄灭。烧烤台打扫干净后，可摆上刚才浸过水的炭，利用烧烤台的余热使其干燥。即使炭还没有完全冷却，放在烧烤台中也很安全。

**1** 将烧烤台中的炭碎块和炭灰刮扫到一起，清除出去。

**2** 若仍有炭灰残留，卸掉部分铁床板，将炭灰扫到下面。

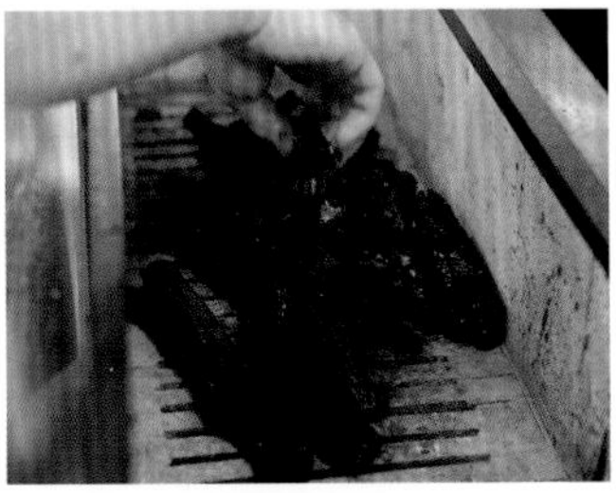

**3** 在打扫干净的烧烤台中，摆放浸过水的炭。

**4** 干燥之后把炭（消炭）放到炭盒中保存。

# 炭火烧烤的工具

## 烧烤台

120 cm（长）×36 cm（宽）×28 cm（高）的烧烤台，配合厨房空间的定制品。侧壁的厚度为5.5 cm。具有特别优秀的保温能力。

□釜浅商店
东京都台东区松之谷2-24-1
☎+81 3 3841 9355

烧烤台的底盘设计为可以拉出来的抽屉式，用于放置调整炭火的炭灰。

## 铁棍

用来架起烤串的铁棍。平行于烧烤台的长边，在烧烤台的近身侧和对侧各放一根，用来支撑烤串。要配合烧烤台的长度来准备。

## 金属烤扦

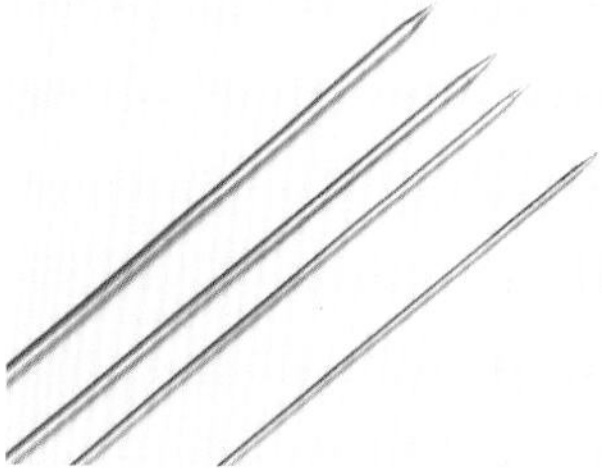

穿串用的金属烤扦。从粗到细的各种尺寸都要备好，根据用途选择使用。

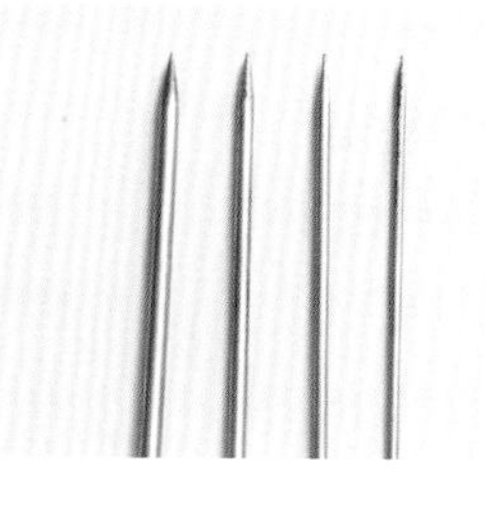

最左边较粗的烤扦，用于肉类和鳗鱼等。中等粗细的和细的烤扦，用于大部分鱼类，根据鱼肉的厚度和肉质来选择使用。最右边极细的烤扦，是作为辅助烤扦起支撑作用的。

## 竹签

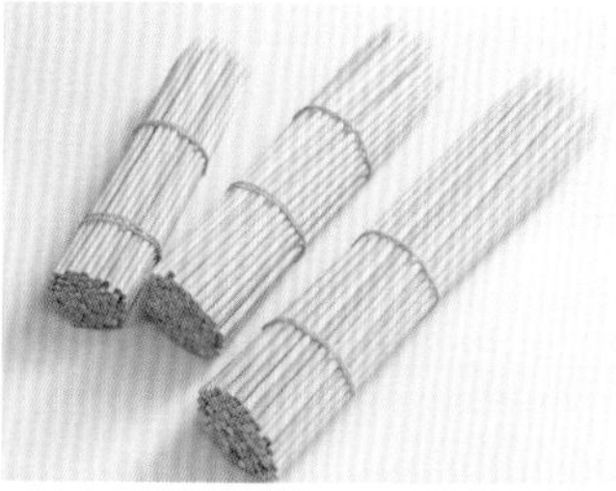

盐烤香鱼或虾时会用到竹签。烤好之后把竹签拔出来，下次再烤香鱼时，可在最后完成阶段把刚才拔出的竹签当作燃料放入炭火中，渗入竹签中的香鱼油脂就会散发出香味。另外，如果香鱼用香鱼竹笼盛放提供给客人，可在小火炉中放入竹签作为燃料，烟和香味蔓延出来，也会有不错的效果。

## 夹子

移动炭的时候使用夹子。因为烧烤台会相当烫，所以选择长一些的夹子会更好用。

## 扇子

这样的一把扇子就能够起到调节火力大小的作用。在烧烤的最后完成阶段想要再进一步烤出焦痕时，可以向烧烤台的炭床扇风以输入氧气，这样可以在短时间内让火力增强。另外，食材的油脂落在炭上的话容易燃起火焰，此时就少不得用扇子来灭火。最后，想要制造热风的时候，也可以使用扇子。

# 盐烤的基本技法　鲈鱼

撒盐→烤

○以鲈鱼盐烤为例进行盐烤手法的解说。

○最初以小火开始烤，油脂会从表皮上划出的细刀口处缓慢渗出。然后加大火力，翻面时原本积攒在表皮的油脂会一下子落在燃烧的炭上，随即就会有烟雾升起产生熏烤的效果。这正是利用炭火盐烤的妙处，成就简单却又不容忽视的味道。

○利用鱼肉自身的脂肪将表皮烤得酥脆，烟熏香气也是决定胜负的关键。重点是要使用富含脂肪的大型鱼。这里使用的是4.5 kg的鲈鱼。

## [分切、划刀口]

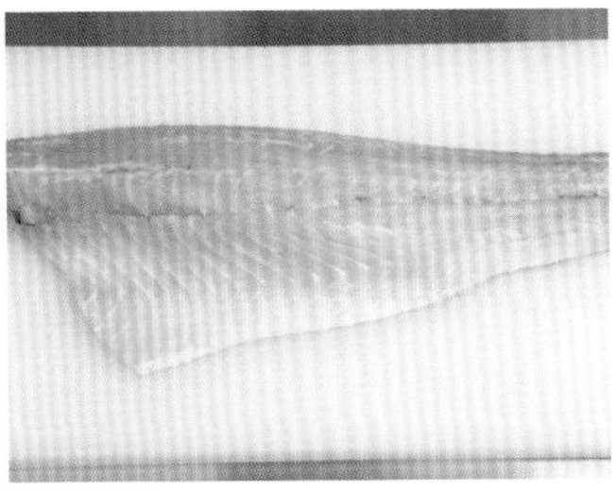

**1** 鲈鱼购进之后静置1日，让鱼肉熟成，然后以三枚切*的方式处理。

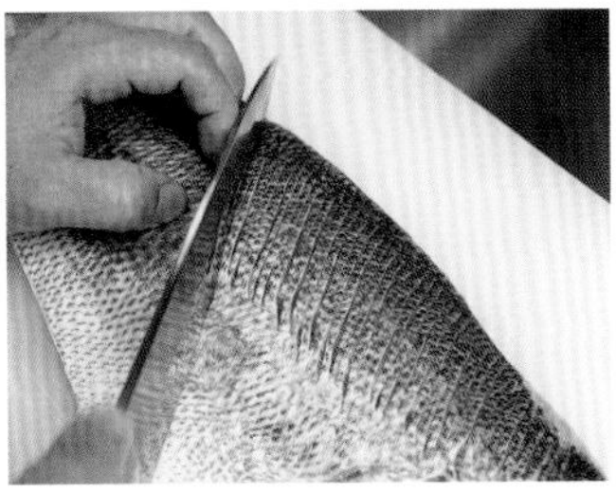

**2** 在整面表皮上斜着划出细刀口。

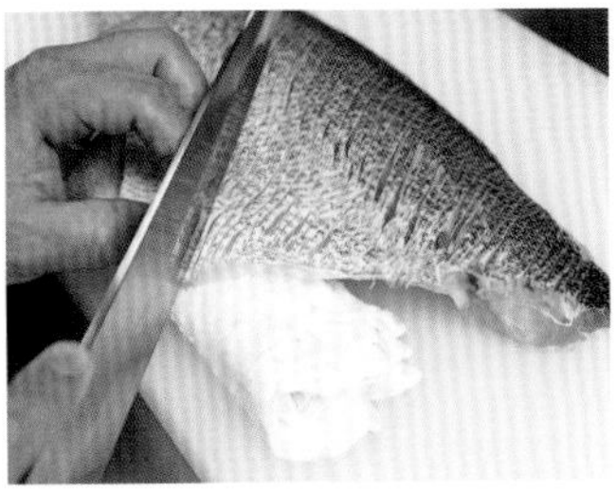

**3** 在鱼肉比较薄的腹部的下面垫毛巾等抬高，这样会比较容易划刀口。

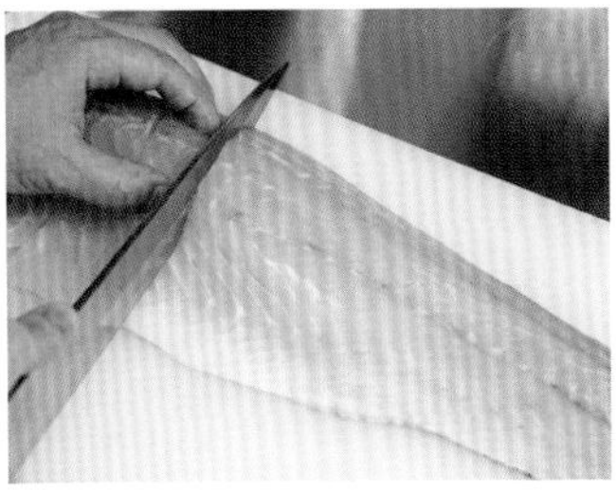

**4** 再分别切成一片90 g的鱼片。

*三枚切（三枚おろし），日本料理中常用的一种处理鱼的方式，即将鱼分切成前后2枚鱼身片和中间1枚鱼骨片共3枚切片。

## [撒盐]

铁盘内撒上薄薄一层盐，然后将鱼片鱼皮面朝下摆在铁盘内。再从上方撒上薄薄一层盐。在常温下静置1小时左右，待盐渗入鱼肉后再开始烤制。

## [穿串]

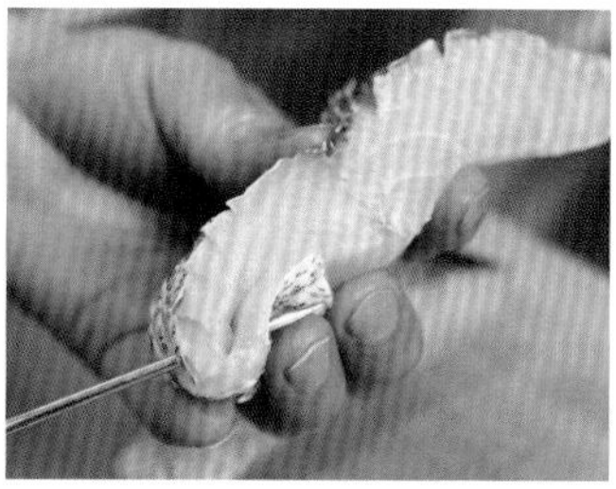

**1** 折起较薄的腹部肉，从鱼皮面开始刺入扦子，然后穿过折起的部分。

**炭火烧烤的科学**

○从鱼皮面开始穿串，可以防止烤时鱼皮因紧缩而与鱼肉分离。生的鱼肉是柔软的，但加热后蛋白质凝固变脆，如果从鱼肉面刺入扦子，烤时鱼肉有可能会剥落。

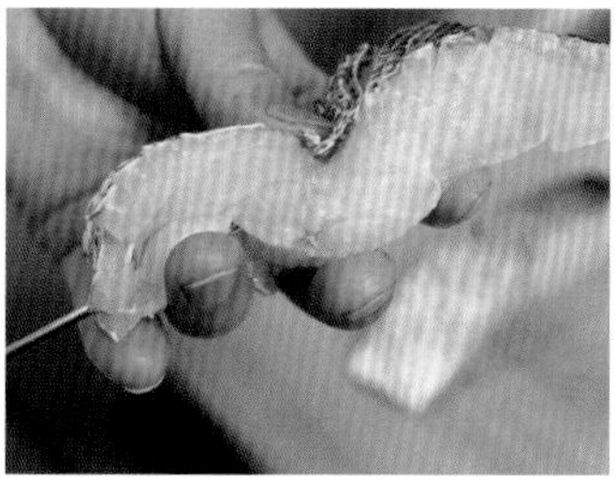

**2** 按压着鱼片像缝衣服一样将扦子穿过去。

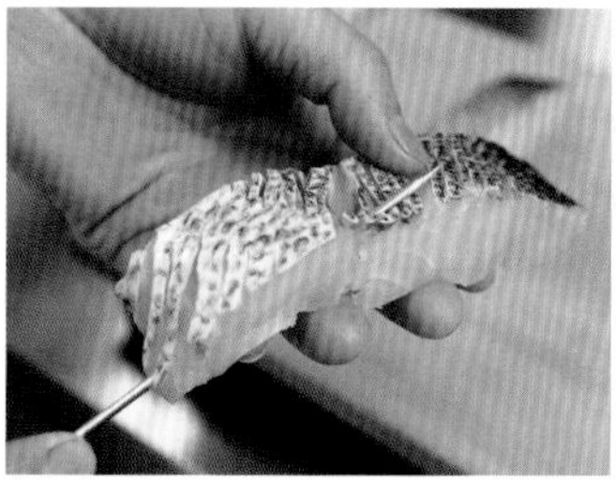

**3** 刺穿出鱼皮，再继续像缝衣服一样将扦子穿过去。

**4** 最后刺穿出另一端的鱼皮。再以同样的步骤穿好另一根扦子。

**5** 像波浪般呈起伏状的鲈鱼片。

**炭火烧烤的科学**

○鱼片厚度不均匀的情况下，将较薄的部分折起来穿串，可以让整体厚度统一。

○这样的穿串方式叫作「褄折」，褄折有单边折的「片褄折」和双边折的「两褄折」两种形式。

## 烤制

**1** 把火力调节成小火2。

火力：2

> **炭火烧烤的科学**
>
> ○缓慢地加热，则鱼肉表面的蛋白质会慢慢变性凝固，可避免因蛋白质急速收缩而引起的肉汁流失问题。

**2** 从鱼皮面开始烤。若火力小于2，就加炭将火力维持在2。

火力：2

**3** 烤至表皮变白至如图所示的程度时，添加炭让火力再稍增大一些。

火力：2~3

> **炭火烧烤的科学**
>
> ○若一直保持小火，加热的时间会变长，水分的蒸发也会增加。但如果用大火来烤，鱼肉内部还没有完全烤透，表面就已经烤过头了，所以这里先用小火烤，再逐渐加大火力。

**4** 慢慢地增大火力至3。

火力：3

**5** 继续烤鱼皮面直至烤出烧色。

火力：3

**6** 表皮烤至如图所示的程度，且稍微有些油脂渗出之后，翻过来烤鱼肉面。这个阶段，鱼皮面已经有2~3成熟了。

火力：3

**7** 接下来仍旧烤鱼肉面，表面开始逐渐变硬。一边不时移动烤串的位置，一边观察侧面和鱼肉面的情况来烤。

火力：3

**8** 烤至鱼肉大概6成熟时，可开始加大火力。

火力：3

**9** 继续加炭把火力提升至5。

火力：5

**10** 翻面再次烤鱼皮面。火力已经增强至5，之前缓慢渗出且积聚在表皮的油脂和水会滴落到炭上，升起的烟雾会为鱼肉增添烟熏香气。 5

> **炭火烧烤的科学**
>
> ○结缔组织中富含脂肪。构成鱼肉结缔组织的胶原蛋白溶解收缩时，脂肪就会被逼出。

**11** 烤至如图所示的程度后，再次翻面烤鱼肉面。因为火力变强，所以要比之前更快翻面以避免烤焦。时不时加炭使火力保持在5。 5

**12** 这个阶段鱼肉几乎已经熟透了。对于肉容易破碎的鱼类，为了烤制完成时更容易拔出扦子，此时要先转动一下扦子。 5

**13** 进入收尾阶段。再继续加炭把火力增强至7，用扇子扇风让炭烧得更红。然后翻面烤鱼皮面。 7

**14** 继续加炭把火力调节至8。 8

**15** 翻面烤鱼肉面，烤出烧色之后再翻过来，烤至鱼皮面呈现看起来很香的烧色。表皮变得酥脆后就烤好了。 8

> **炭火烧烤的科学**
>
> ○产生烧色的化学反应叫作美拉德反应，又叫羰氨反应，指食物所含的蛋白质（氨基酸）和还原糖，在加热之后发生一系列反应，生成褐变物质和香气成分。作为鱼皮主要成分的胶原蛋白是蛋白质的一种。

> **炭火烧烤的科学**
>
> ○表皮烤得酥脆是因为表面多余的水分都蒸发掉了。

**16** 烤好的鲈鱼。

# 幽庵烧的基本技法　蓝点马鲛鱼

腌渍→刷酱烤制（酱汁干烤）→静置20分钟左右→最后阶段的刷酱烤制（刷出光泽→烤出焦黄色泽）

○幽庵烧是比较典型的海鲜类烧烤方式。这里使用蓝点马鲛鱼来进行幽庵烧的解说。

○像蓝点马鲛鱼这样含水量高的鱼，鱼肉很易破碎，所以用幽庵腌渍料腌渍来适当地去除水分，让鱼肉达到合适的紧致程度后再烤。蓝点马鲛鱼的独特味道，来源于自身脂肪与水分的恰到好处的平衡。为了最大限度地体现这种特色，要使用余热来慢慢烤，以获得湿润的口感。

## [去皮]

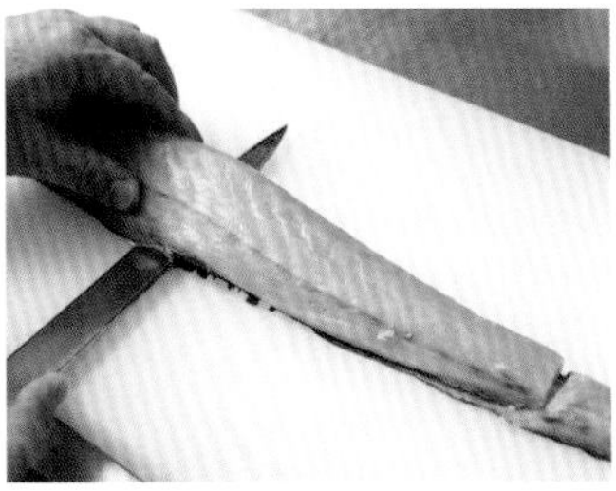

用刀去皮。一般鱼的皮与肉之间会有层脂肪，但是蓝点马鲛鱼是没有的，烤的时候薄薄的鱼皮会变得干巴巴的，入口有黏黏糊糊之感而让口感变得不好，所以要去皮后再烤。

## [分切]

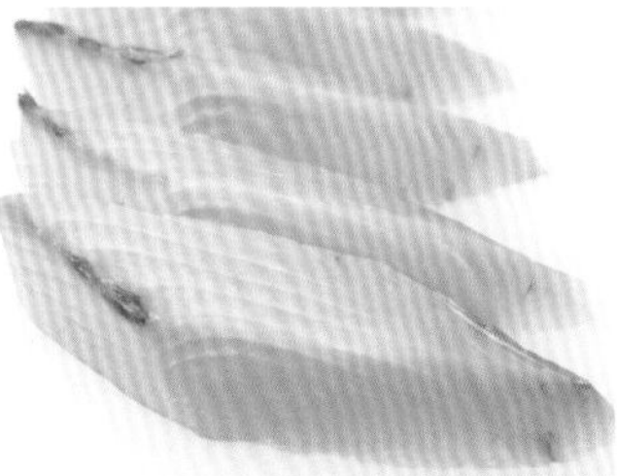

有一定厚度的较大块的鱼片更适合炭火烧烤。分切为一片大约80 g比较合适。

### 炭火烧烤的科学

○炭火烧烤时鱼肉的表面温度会急速上升，同时内部温度也随之相应提高。炭火烧烤不会产生水汽，鱼片中的水分很容易蒸发掉。如果鱼片太薄，在表面烤出合适的烧色时，内部可能已经是熟过头的状态了。

○鱼片较厚的话，就不容易烤过头，可以更好地保留水分及保持柔软度。

## [腌渍]

**1** 倒入幽庵腌渍料A（见15页）。此腌渍料在烤制中还会用作酱汁涂刷在鱼片表面。

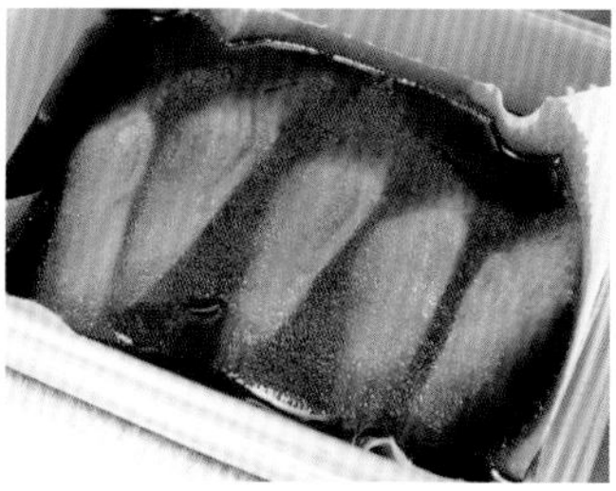

**2** 盖上厨房用纸，让腌渍料浸湿厨房用纸。

**3** 腌渍2小时的蓝点马鲛鱼，鱼肉会呈现比较紧致的状态。

### 炭火烧烤的科学

○味淋中所含的酒精，有促进蛋白质变性及加速其凝固的作用。这里使用的幽庵腌渍料在制作时味淋预先煮过，所以是不能期待酒精发挥作用的。腌渍之后鱼肉会变得紧致，是酱油或味噌中富含的盐分引起渗透压变化而导致鱼肉脱水的缘故。

○有时会在浸入幽庵腌渍料之前，在鱼肉上撒盐，以去除多余水分和腥臭味。先去除水分，调味料就更容易渗入内部，能够缩短腌渍的时间。

○脂肪较多的鱼类，调味料较难渗入，所以腌渍的时间就要延长。

## [穿串]

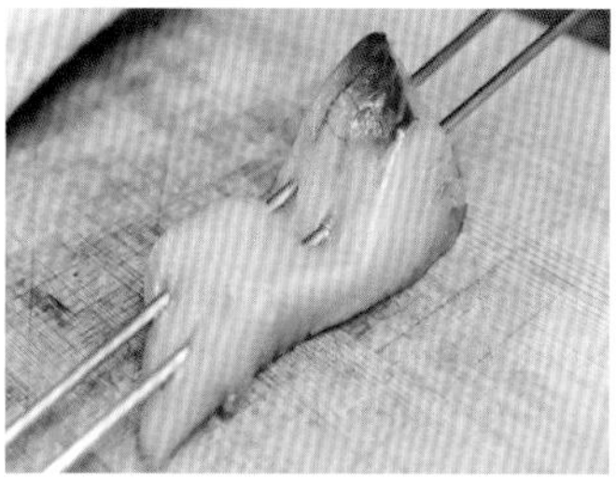

让鱼片弯曲呈波浪状，烤扦不要完全穿透至鱼片下方，而是像缝衣服一样从鱼肉中穿过。一般会从小（薄）的部分开始向着大（厚）的部分刺穿过去（见14页）。

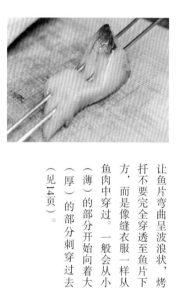

## ［烤制］

**1** 先从鱼皮面开始烤。将火力维持在2～3的小火。2～3

**2** 表面变白后马上翻面。幽庵腌渍料较难渗入生的鱼肉中。最初的这个烧烤步骤，就是为使幽庵腌渍料更好地渗入鱼肉中而进行的。2～3

**炭火烧烤的科学**

○蛋白质加热之后会凝固，如果将鱼肉表面稍微烤干，腌渍料会比较容易附着在鱼肉表面而不会直接流淌下来。

**3** 在鱼皮面刷上幽庵腌渍料。在刷腌渍料的同时，鱼肉面的腌渍料也会被烤干。这一步的主要目的是烤干鱼肉面的腌渍料，而不是烤熟鱼肉，更不要烤至出现烧色。2～3

**炭火烧烤的科学**

○刷上幽庵腌渍料后，鱼片表面的温度会下降。

**4** 在鱼肉面也刷上幽庵腌渍料。在刷腌渍料的同时，鱼皮面的腌渍料也会被烤干。2～3

**5** 从侧面可以看出，鱼皮面和鱼肉面受热基本均等。2～3

**炭火烧烤的科学**

○用小火来烤干表面，不要烤至出现烧色，此时内部还是生的状态。

**6** 这样反复翻面刷腌渍料大概5次。至此都是一直用小火烤。2～3

**炭火烧烤的科学**

○为了使两面都不会烤焦且均等地受热，要反复翻面好几次来烤。腌渍料中因为加入了味淋，会比较容易烤焦，所以要用微弱的小火慢慢地烤。

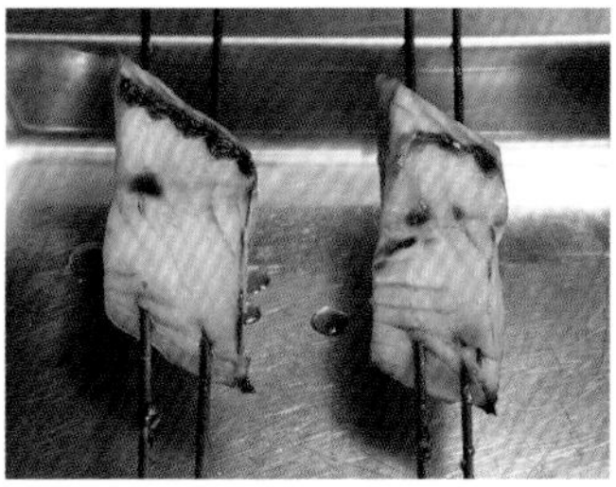

**7** 烤至如图所示的程度之后，将烤串移离炭火，静置20分钟左右。20分钟后烤串的温度差不多会降至厨房的室温。其间鱼肉会继续柔和缓慢地被余热所加热，刷的幽庵腌渍料也会进一步渗入鱼肉中。

**8** 静置之前的鱼片（右图）和静置20分钟左右之后的鱼片（左图）的横切面。静置期间利用余热加热，让鱼肉进一步变熟。

> 炭火烧烤的科学
>
> ○食物的热导率比较低，难以传递热量。既不使表面烤过头，又让肉块或者比较厚的食材内部也能足够熟，是非常难的。以小火长时间加热的话，表面会变硬，水分也会蒸发掉。利用余热加热，可以防止表面加热过度，同时抑制水分的蒸发，而内部又能加热到足够熟。

## [最后阶段的刷酱烤制]

**9** 从这一步开始进入最后阶段的刷酱烤制。火力调整至4~5的中火，从鱼皮面开始烤。4~5

> 炭火烧烤的科学
>
> ○为了达到表面烤出鲜明的烧色的目的，要增强火力。但是火力太强的话会容易烤焦变苦，所以使用中火。

**10** 表面烤干之后翻面，在鱼皮面刷上幽庵腌渍料。4~5

**11** 翻面，鱼肉面也刷上幽庵腌渍料。4~5

**12** 开始烤出鲜明的烧色。因为腌渍料会滴落在炭上而使火力变弱，所以要适当地加炭以保持中火。4~5

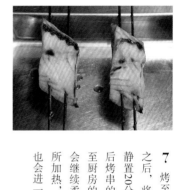

**13** 烤至这个阶段后，来回转动一下扦子，这样烤好后容易拔出扦子。 4~5

炭火烧烤的科学

○金属扦子也会传导热量，所以金属扦子周边的蛋白质会受热凝固而粘在扦子上。趁热转动扦子，有利于让粘在扦子上的鱼肉分离。烤好之后拔扦子时，太热时拔容易破坏鱼肉的形状，所以等温度稍微降低之后再拔。

**14** 反复刷幽庵腌渍料烤制，就能烤出光泽。继续反复刷腌渍料烤制，鱼片整体都呈现出焦黄色泽。为避免真的烤焦，要不断来回翻面地刷上腌渍料。 4~5

炭火烧烤的科学

○味淋里含有糖，所以会有光泽出现。

○一开始刷腌渍料的时候，鱼片表面的温度没有那么高，刷上冷的腌渍料后温度会下降。但是最后阶段刷腌渍料的时候，鱼片表面的温度已经很高。加上刷了好几次腌渍料的缘故，腌渍料会浓缩，而其中味淋所含的糖分和酱油发生美拉德反应而产生褐变物质，如果加热过度就会烤焦。

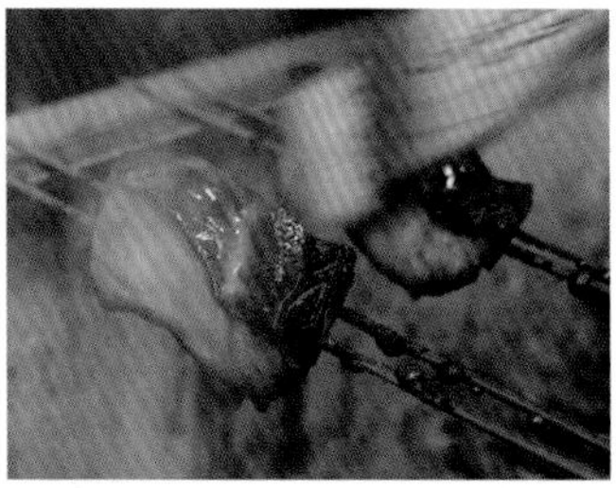

**15** 最后在鱼肉面和鱼皮面再分别刷上一次幽庵腌渍料，烤制完成。腌渍料滴落在炭上，升起的烟雾产生熏烤效果，为鱼肉增添烟熏香气。 4~5

炭火烧烤的科学

○炭因为杂质很少，燃烧的时候不会冒烟。但是当含有水分的腌渍料（酱汁）滴落在炭上时，其内所含的有机物质在高温加热下会产生烟雾。

**16** 烤好的蓝点马鲛鱼。

# 肉类烧烤的基本技法　牛西冷

○西冷是最具有代表性的牛排部位，是牛腰脊上部的肉。这里使用的是A5级黑毛和牛西冷部位的霜降牛肉。

○这里介绍静置利用余热变熟和不静置一口气烤熟的两种盐烤方式。

○霜降脂肪均匀分布的牛肉，可以脂肪为导热媒介而使内部受热变熟，所以用小火慢慢烤比较好；也可以用略大的火烤，其间将烤串移离炭火静置几次，利用余热加热内部。

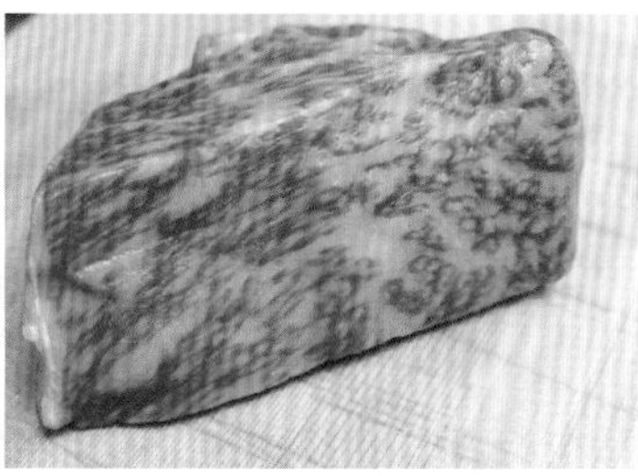

炭火烧烤的科学

**为什么会有『血』流出?**

○处理过的肉块所流出的红色汁液并不是血水，而是含有肌红蛋白的肉汁，因为表面的蛋白质受热凝固而从内部渗出到表面。

○肌红蛋白受热至一定程度后会变性，呈现煮熟的肉的颜色。肉内部低于56 ℃处于3成熟的状态时，会呈现鲜红色且肉汁丰富；达到70 ℃时鲜红色会变浅，变成粉红色。

○肉汁的溢出形式，也与肉的收缩方式有关。肉在45 ℃左右时，形状就会开始发生变化，肌纤维的长度会缩短。再继续升到60 ℃左右时，发生蛋白质凝集、凝固现象，且肉收缩变小。只是表面的温度急速上升的话，表面的部分就会急速收缩，内部的肉汁会被逼出。如果表面和内部的温度差异较大，内部还是生的情况下就会溢出红色的肉汁。

炭火烧烤的科学

**余热加热期间会有美味的肉汁流出吗?**

○余热加热期间，也不可避免地会出现肉汁流出的状况。肉汁流出的量，会根据表面的加热状态而有所不同。

炭火烧烤的科学

**为什么要等肉恢复至常温之后再烤?**

○恢复至常温之后再烤，可以最大限度地减小表面和内部的温度差异。

○如果在肉温度很低时就直接烧烤，当表面烤得恰到好处时，内部却还是加热不充分的状态。烧烤时间尽可能缩短，能避免内部美味成分的流失，恢复至室温再烤，就能够缩短将内部烤得恰到好处的时间。肉内部温度的上升，是通过热量从表面传导到内部而实现的。

○但是在常温下放置肉类时，必须注意食品卫生方面的问题。因此，为了尽量减少恢复至常温的时间，也可以使用逐渐提高温度的方法。

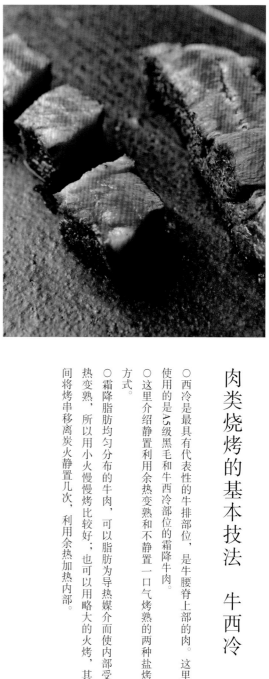

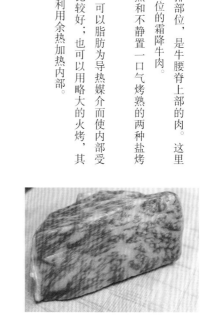

## [穿串]

**1** 切成3.5 cm的厚度。比起薄的，厚的烤制时会更容易控制火候。

> **炭火烧烤的科学**
>
> ○肉太薄的话，会较难调整表面和内部的温度差异。具有一定的厚度，就可以调整成较嫩、中等、全熟等不同熟度。

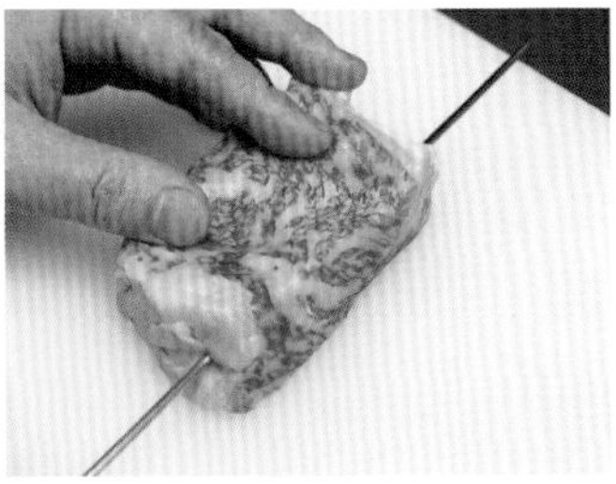

**2** 从右边开始，在肉一半厚度的位置水平穿入扦子。接下来同样方法在左边穿串，最后在中间穿串。

## [撒盐、胡椒粉]

两面都撒上盐、胡椒粉。牛西冷比起鱼肉等含有更多的脂肪，考虑到在烤制中可能会有部分调料随着油脂滴落而流失，所以可以撒多些。放入冰箱中冷藏1小时让调料入味。霜降牛肉使用炭火烧烤时，撒好调料后与其在常温下静置入味，不如在冰箱中冷藏入味，使肉变得紧致会更容易烤。

> **炭火烧烤的科学**
>
> ○一般烤肉类时，上火烤前才撒盐和胡椒粉的情况比较普遍。与烤鱼时的情况不同，这样是为了避免撒盐之后静置时肉会缩紧变硬。肉汁流出也有可能会带走部分美味成分。不过这里使用的是脂肪含量较高的霜降牛肉，所以撒盐之后静置1小时也不会有什么影响。静置1小时可让盐渗入肉内。

> **炭火烧烤的科学**
>
> ○富含脂肪的肉类恢复至室温时，如果表面的温度上升迟缓，脂肪部分会变软而使肉变松垮。当采用铁板烧（间接烧烤）时，肉直接接触到高温的铁板（热传导），表面的温度会上升得相当快。
>
> ○另一方面，采用炭火或者电烤炉等直接热源烧烤时，虽然提高热源温度或许可让食物的表面温度快速上升，但还是有限度的，在加热初期食物表面温度的上升比起铁板烧还是比较慢的。

# 牛西冷盐烤

（静置2次）

**撒盐和胡椒粉→烤制→静置2分钟→烤制→静置2分钟→盖铝箔纸**

○这里介绍中途静置2次，利用余热让肉变熟的方法。肉比较薄的情况下，用炭火烤会一下子就烤熟了，所以要移离炭火，利用余热缓慢地让其变熟。

## [烤制]

**1** 火力调整为6~7的略大的火，开始烤制。 6~7

**2** 表面烤好之后立马翻面。 6~7

> 炭火烧烤的科学
>
> ○肉表面的蛋白质因受热而呈凝固的状态。

**3** 两面都烤好之后，将烤串移离炭火，横架在铁盘等器具上静置。过一会儿表面会有油脂浮出来。继续静置2~3分钟，直到温度下降（第1次静置）。

> 炭火烧烤的科学
>
> ○表面的温度停止上升后，余热会从肉的表面传导到内部。静置是为了使表面和内部的温度差异不会过大。

**4** 温度下降之后，再一次用6~7的火力来烤。静置期间因为表面浮出少许油脂，所以会更容易受热变熟。肉内的脂肪也已经是高温状态，而脂肪的高温会让瘦肉部分也变熟。 6~7

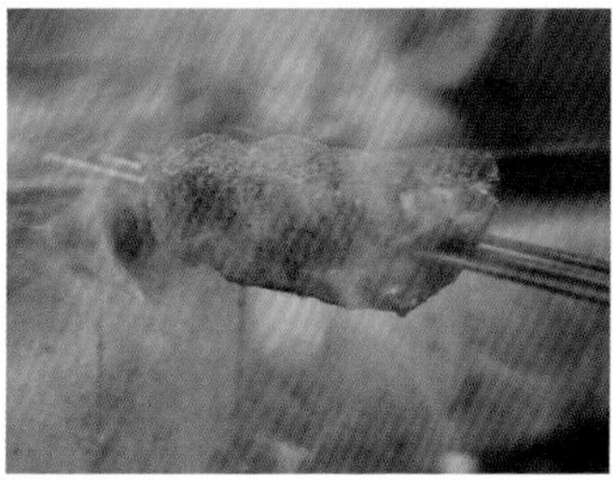

**5** 翻面。油脂会不断地滴落。 6~7

> 炭火烧烤的科学
>
> ○油脂滴落到炭上，燃烧产生的烟雾萦绕在肉的周围。

**6** 把烤串移到一边，把比较细碎的炭如填埋一般堆积在炭与炭之间的空隙处。这样是为了防止火焰从缝隙间蹿出而使肉沾上烟灰。 6~7

**7** 将炭灰堆积在炭上，炭灰可以吸收油脂。如果油脂直接滴落在通红的炭上，会引发火焰蹿起而使肉沾染上奇怪的烟灰味道。将炭灰盖在烧得通红的炭上，或将细碎的炭填埋在空隙中，火焰就难以蹿起来。

**炭火烧烤的科学**

○如果油脂直接滴落在高温的炭上，会引发火焰蹿起。在炭上盖上炭灰的话，炭的温度就会稍微下降，而且炭灰可以吸收油脂，所以盖上炭灰可以防止火焰蹿起。

**8** 再次将烤串移至已盖上炭灰降至稍弱的火力5的炭火区域来烤。 5

**9** 翻面。此时会有较多烟雾升起。 5

**10** 移离炭火，静置2分钟（第2次静置）。

**11** 试着用手指按压，图中此时内部还是生的状态。这个阶段烤至8成熟就可以结束了。

**炭火烧烤的科学**

○蛋白质受热之后会发生变性而凝固及收缩。一般加热时，热量从食物的表面传递到内部，因此蛋白质的凝固是从食物的外侧开始的。随着加热的进行，肌纤维会紧致并收缩，所以肉中所含的汁水就容易流出来，当温度进一步升高，蛋白质的保水性也会降低，所以汁水分离出来，肉内部的水分状态也会有变化。因此，内部处于半生或全熟的不同状态时，食物整体的弹性也是不同的。

**12** 将火力降低至2，用铝箔纸覆盖烤串，让肉整体都能均匀受热。侧面也要均匀受热。覆盖铝箔纸同时也能给肉增添熏烤的风味。其间烤串要翻面。 2

**炭火烧烤的科学**

○覆盖上铝箔纸，可以抑制热量从肉的侧面和上方散发。炭火周围会有热空气上升，而铝箔纸则可将热空气留在铝箔纸覆盖区域内。铝箔纸的反射率比较高，所以食物表面放射的红外线或者炭放射的红外线都会被反射一部分到食物上。

**13** 将烧色较浅的部分再贴近炭火烤一下，使烤串整体烧色均等。

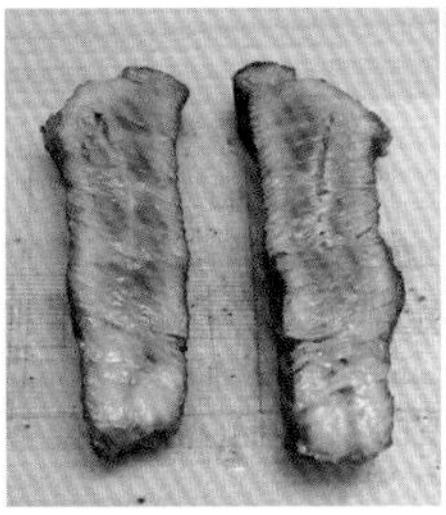

**14** 烤好的牛西冷及其纵切面。

# 牛西冷盐烤（不静置直接烤）

**撒盐和胡椒粉→烤制（盖铝箔纸）→烤制完成**

○使用小火。覆盖铝箔纸造成蒸烤的状态，不离火静置而是一口气烤制完成。同时，铝箔纸也可为食物增添烟熏香气。可以品味到从表面到内部不同的味道变化。

## [烤制]

**1** 整理炭，将火力调整至小火3，开始烤制。在炭上撒炭灰，将炭与炭之间的空隙填满，以防止有火焰蹿起。 3

**2** 立即覆盖上铝箔纸。 3

**3** 翻面2次慢慢烤。 3

**4** 试着用手指按压，确认肉的熟度。 3

**5** 进入最后的烤制阶段。拿掉铝箔纸，用火力8的大火，烤出看起来很香的烧色。 8

**6** 烤好的牛西冷及其纵切面。

# 炭火魅力的科学性

杉山久仁子

烧烤，有直接在热源上加热食物的明火烧烤，也有把食物放在有热源加热的平底锅或铁板等上面的间接烧烤。

明火烧烤，来自热源的热量大部分通过热辐射传给食物，同时也会通过热对流的传热方式来加热食物。食物若用金属烤扦穿起来，或者放在烤网上，那么多少也会通过烤扦或烤网来传导热量。

间接烧烤，直接把食物放在高温的平底锅或者铁板等上面来加热，所以是靠接触面来传导热量的。

日本料理中，鱼的盐烤、照烧、蒲烧等，大多采用直接明火烹饪的形式。

炭火烧烤，是热源来自炭的明火烧烤。虽然使用炭火烧烤要花工夫生火及收拾炭灰而有诸多不便，但自古至今人们一直认为烤制食物以『炭火的大火远火烧烤』为最佳。现今很多出售烤鳗鱼、烤鸡肉串、烤牛肉等的店铺，都以『炭火烧烤』为卖点。可借助用扇子扇风等输送空气的方式来改变火力大小也是其优点之一，但是能够配合食物的状态来调整火力，熟练的技术则是必需的。

［白炭与黑炭的制造工艺与用途］

## Q1 发白的炭和黑色的炭有什么区别？

木炭有『白炭』和『黑炭』两种。两种木炭的制造过程及工序大体是一样的，但是烧炭的最终处理方式和灭火方式有所不同，所以制造出性质完全不同的两种木炭。

白炭多由落叶栎木或常绿栎木制成，在烧炭的最后阶段，让窑口大开使空气大量进入，于是炭材就会着火燃烧达到1000 ℃以上的高温。然后把烧得通红的木炭从窑中拖出来，再盖上含有水分的灰（称为『消火粉』）。因为是撒上灰来灭火的，所以表面会变成白色的，称为『白炭』。白炭坚硬，敲打时会发出金属般的声音，断面有银灰色的光泽且裂痕很少。其中以乌冈栎为原料做成的备长炭，是比较有名气的品种。

黑炭一般取材于落叶栎木、常绿栎木、麻栎及其他木材，烧至600 ~ 700 ℃使其炭化之后，密封窑口或者烟道口隔绝空气，待灭火后让其在窑内自然冷却。炭材因没有进一步高温烧制及撒灰灭火，最终呈现纯黑色。黑炭一般附带有炭化后的树皮，断面裂痕较多。

与黑炭相比，白炭可挥发物含量较低，碳含量较高。

木炭加热到达燃点时，碳元素和空气中的氧气发生反应而放热，可帮助维持必要的温度使燃烧持续。炭火是没有火焰的火，燃烧变红的炭表面温度可达500 ~ 800 ℃（图

图1　炭火的表面温度

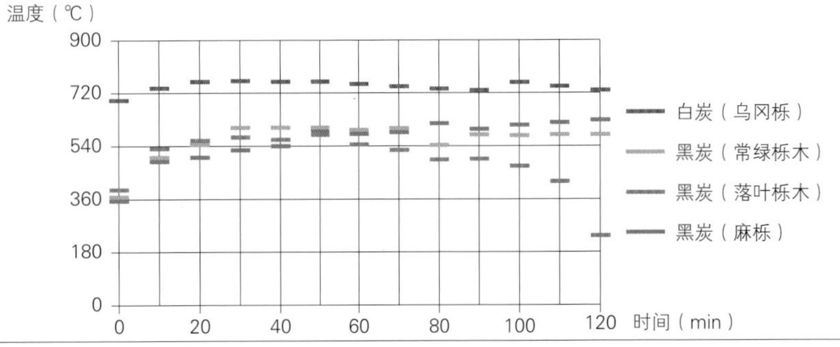

二），被烧红的炭表面放射出红外线，通过热辐射的传热方式来加热食物。

白炭比黑炭的燃点更高，不易燃，但燃烧持续时间长，也即耐烧性很好。如果用扇子等扇入空气促进燃烧，温度可上升至近1000 ℃。

另外，黑炭与白炭主要是根据制造工艺来分类的，理论上不论使用哪种木材都可以制造出黑炭和白炭。烹饪用的最高级的白炭，是以乌冈栎作为炭材的备长炭。茶道用的最高级的黑炭，是以麻栎作为炭材的池田炭。黑炭中最为广泛使用的，是以落叶栎木作为炭材的落叶栎木炭。

[煤气与电气的传热方式]

## Q2 煤气与电气是如何传热的？

采用煤气传热时，在燃烧器内部作为燃料的煤气与空气（一次空气）混合，再吸收火焰周围的空气（二次空气）来燃烧。

内火焰（火焰内侧蓝色明亮的部分）的稍上方处，根据条件不同，最高温度可达到1600~1800 ℃。煤气的火焰直接接触锅底，通过热传导加热食物，同时通过周围空气的热对流来加热食物。火焰放射出的能量很少，所以基本没法通过热辐射来传热。

采用电气传热时，依靠电加热器来加热食物。电加热器有覆套式加热器、石英管加热器、远红外线加热器、卤素加热器等几种，但不管哪种都是利用加热器放射的红外线，通过热辐射来加热食物。烤箱或者烤面包机所使用的电加热器的表面温度为300~400 ℃。

[利用热辐射烹饪的特点]

## Q3 热辐射是什么东西？

热辐射，就是通过物体表面放射出的电磁波来传热。与热辐射有关的电磁波，是红外线、可见光及紫外线的一部分。像地球因为太阳光线而变得温暖，身体因为红外线暖炉而变得温暖，都属于热辐射的一种。

我们用炭和鱼作为例子来讲解。炭和鱼都根据自身温度，将内部能量的一部分以电磁波的形式放射出来。炭和鱼表面放射出来的电磁波在真空状态或空气中几乎不会被吸收，所以不会衰减而直接到达其他物体的表面，一部分被物体表面反射回去，剩余的则被吸收。被吸收的电磁波转变成热能。炭比鱼的表面温度更高，放射的能量更多，

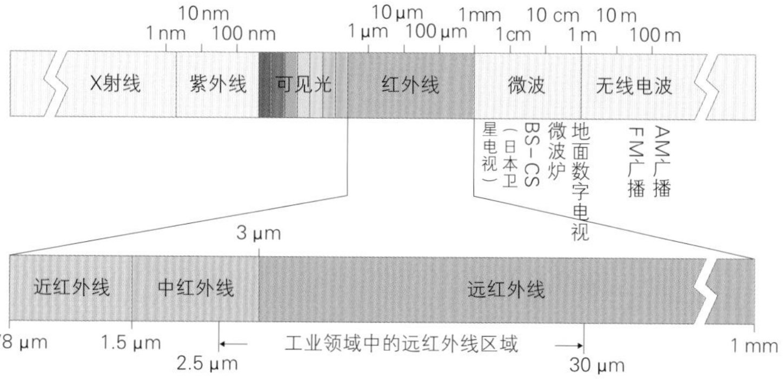


图2 无线电波和红外线的区别

所以鱼被加热而温度上升。作为热源的高温炭并没有直接接触鱼，而是以有距离的状态传递热量，所以鱼被加热而表面也不会弄脏。

另外，炭放射出的能量与温度的4次方成正比，所以调整热源温度能够让放射出的能量的多少迅速变化。

[红外线的放射特性]

## Q4 烹饪时用到的近红外线、中红外线、远红外线有什么不同？

明火烧烤，主要通过热辐射的传热方式来加热食物。传热量根据热源的温度而有差异，也会受到从热源放射出来的电磁波（主要是红外线）的波长的影响。

红外线是指比可见光的红色波长更长，比无线电波的波长要短，波长为0.78 μm~1 mm的电磁波。

红外线根据波长可以分为近红外线、中红外线及远红外线几种。波长区域的划分，根据研究领域的不同也有所差异，在食物加热领域中3 μm以上的划分为远红外线（图2）。炭火放射的是远红外线。

作为食物主要成分的水和淀粉，对远红外线区域的吸收率高，所以使用远红外线区域辐射率高的热源来加热，远红外线就会更好地转变成热量，食物表面的温度就容易上升，烤出来的烧色就更浓重。

因为食物内部以热传导来加热，所以表面的温度上升越快，内部也就能越快地加热。

另一方面，近红外线与其他波长区域的红外线相比吸收率较低，会穿过食物表面在内部数毫米处转变为热能。因此，食物表面的温度上升迟缓，就难以烤上烧色，但会促进表面的水分蒸发，食物表面的干燥层（硬壳）就容易变厚。

[黑体性质的炭火]

## Q5 炭火和电加热器都是通过热辐射来加热食物的，二者放射出的红外线有什么不同？

一般人们都认为炭火可以放射出红外线中的远红外线，其实已经证实炭火的红外线放射特性接近于理想中的辐射物体——黑体，在从近红外线到远红外线的红外线各区域中都有着较高的辐射亮度。

所谓的黑体，指会完全吸收其他物体放射的辐射热的物体，从表面释放能量的能力也是最强的，能最有效地释放辐射热。黑体在现实中不存在，但是有接近其性质的物质存在，其中之一就是炭火（图3）。

图4显示了用于加热食物的电加热器的光谱辐射率。以往常使用以包覆金属的镍铬电热丝为发热元件的覆套式加热器，还有能发出亮光的卤素加热器，它们在远红外线区域的辐射率都较低。另一方面，在远红外线区域辐射率比较高的陶瓷加热器，被称为远红外线加热器。

1990年，用远红外线来加热食物受到关注。当时人们

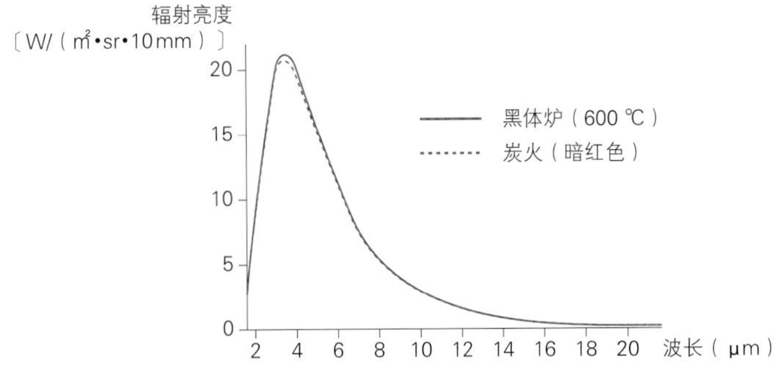


图3 炭火发出的红外线光谱辐射亮度

东京都立工业技术中心 《红外线的利用技术》（34页） 1991年

认为，用远红外线加热器加热食物更有效率，是因为远红外线能穿透食物内部。之所以这么认为，可能是因为远红外线是红外线中波长最长的，而且与其邻近的微波被应用于微波炉加热上，且被认为具有可以穿透食物内部来加热的特征。

但是反复进行的试验表明，近红外线可以穿透食物表面下数毫米处，远红外线却不能穿透食物内部，而是在食物表面极薄的部分就有效地转变为热能了。

远红外线能在食物表面有效地转变为热能，因而可使表面温度上升迅速，容易烤上烧色。又因为食物内部通过热传导来传递热能，所以表面温度上升越迅速，内部的温度也会上升越迅速。特别是在以表面的颜色来判断食物是否烤好的情况下，可缩短烤制时间，且抑制食物的水分蒸发。

［远红外线加工纤维工艺］

## Q6 远红外线袜子真的暖和吗？

远红外线不仅可用于食物加热的领域，还可用于布料服饰领域。

『远红外线加工纤维工艺』，是指把容易吸收、放射远红外线的陶瓷等物质混入纤维内部，或者作为涂层涂于纤维表面等。这类加工产品会吸收人体放射的远红外线后再放射出来，所以会比未用此工艺加工时更具保暖性。

［有机物质燃烧殆尽后做成的炭］

## Q7 为什么炭能保持长时间的火力？

炭的元素组成见40页表1。炭的成分大部分为碳元素，碳元素与空气中的氧气反应进行的燃烧为无焰燃烧。

点燃木材时，先是受热后所含的有机物质转变为挥发性气体并产生火焰，然后火焰就让木材燃烧起来。

在炭的烧制过程中，木材的有机物质几乎都被燃烧殆尽，所以碳元素之外的杂质非常少。因此，炭的燃烧主要是靠碳元素的氧化反应。

比起气体的有焰燃烧，炭的无焰燃烧是炭的表面和周围空气之间所起的燃烧反应，所以反应速度比较缓慢，能够保持较长时间的火力。

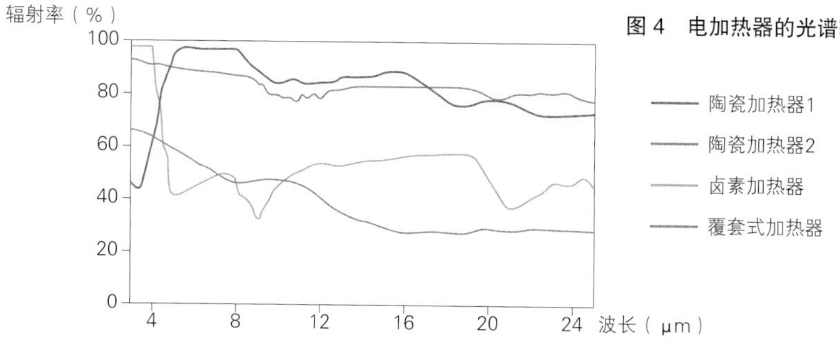


图4 电加热器的光谱辐射率

【多孔类型木材多不耐烧】

## Q8 炭的耐烧程度会因木材种类的不同而不同吗？

燃料用木炭根据制造方法分成白炭和黑炭。原料木材一般来自麻栎、落叶栎木、常绿栎木、松木等树种。根据原料树种的性质，会制成不同的木炭（见表1）。

木炭中，除了碳，还含有氢、氧等，同时还有灰分所含的钾、钙、硅酸、氧化铝、铁、锰及其他众多的无机成分。这些成分根据原料树种和炭化程度的不同，也会有相当大的不同。

黑炭的炭化程度根据品牌的不同有相当大的差异，但白炭在窑内的最终温度统一要求达到1000℃，燃烧不均匀的情况很少，所以炭化程度的差异较小。

木炭拥有多孔隙的组织（多孔质），具有空气容易流通的性质。1g木材的内部表面积据说可达200~400 $m^2$。进入的空气过滤至内部，与木炭发生反应，生成的气体又被排出。

在木炭中，黑炭比白炭要更多孔。以原料树种来说，松木、杉木等针叶树种会比落叶栎木、常绿栎木、麻栎等阔叶树种要更多孔。黑炭内部更多孔，内部表面积就更大，反应性也就更大，所以耐烧时间会短一些。

另外，从成分组成来考虑的话，所含无机成分较多的木炭更容易燃烧，而阔叶树种比针叶树种所含的无机成分更多。

【消炭容易着火的原因】

## Q9 浸泡过水的消炭为什么能重复使用？和新炭又有什么不同？

在炭完全燃尽前即灭火而得到的炭，被称为『消炭』。在烧烤当中也会把没有燃尽的炭作为消炭保存起来，这样就可以再次利用。消炭比新炭更容易着火，所以下次使用时将其作为火种就很方便。

通常会把未燃尽的炭放入『消炭罐』（金属或陶瓷的附带盖子的罐子）中，盖上盖子保持缺氧的状态使火熄灭。在时间紧张或者有大量炭时，也可以在炭上泼水，或者将炭浸泡入水桶中使火熄灭。但是炭的温度是相当高的，所以需要大量的水，且使用水桶时最好选择金属材质的水桶。

利用水灭火来制作消炭时，灭火后让消炭干燥是非常必要的。使用七轮炉烧烤时，若直接泼水上去炉子会裂开，所以需要特别注意。

另外，消炭容易着火，是因为炭灰中所含的碳酸钾可起到催化剂的作用，能降低燃点。

表1　日本木炭的性状示例*

| 木炭种类 | 树种 | 元素组成（%） | | | 热值（cal/g**） | 硬度*** |
|---|---|---|---|---|---|---|
| | | 碳 | 氢 | 氧 | | |
| 黑炭 | 枹栎 | 89.34 | 2.59 | 6.02 | 6.858 | 11 |
| | 常绿栎木 | 87.90 | 2.72 | 7.06 | 7.535 | 3 |
| 白炭 | 枹栎 | 93.76 | 0.38 | 3.76 | 6.980 | 20 |
| | 常绿栎木 | 94.69 | 0.60 | 1.98 | 6.995 | 9 |

* 分析数值是以日本木炭品评会出品的最高品质的木炭为分析样本得出的。
** 热值单位为 J/kg，表中 cal/g 为非法定计量单位，1 cal=4.184 J。
*** 硬度使用三浦式木炭硬度计测量。

岸本定吉《木炭博物志》（40页） 1993年

［炭燃起火焰的原因］

## Q10 怎么防止炭燃起火焰？

炭的成分大部分为碳，挥发性成分非常少，所以燃烧时不会燃起火焰，属于无焰燃烧。但是，用扇子扇入空气且温度达到1000℃的时候，就能看到炭通红的表面上燃起淡蓝色的火焰。

这是由于炭表面无焰燃烧所产生的二氧化碳，和炭反应生成了一氧化碳，然后进一步与空气中的氧气反应又生成二氧化碳，这个过程中就会燃起淡蓝色的火焰。要防止炭燃起火焰，用扇子扇入空气的量就不要过多。

另外，食物的肉汁或者油脂等滴落在炭的表面，也有可能燃起火焰。不想让火焰燃起的话，可以稍稍挪动食物的位置，使滴落物不会直接落在高温的炭上；或者在炭上撒炭灰，利用炭灰吸收滴落物。

［热对流转变成热辐射的方法］

## Q11 如何用煤气实现炭火的效果？

煤气的火焰温度很高，但是火焰基本不会发生热辐射。其在无任何媒介时的加热原理是，提高周围空气的温度，再利用空气的热对流来进行加热。

为了用煤气实现炭火的传热方式，可以用煤气的火焰加热金属板或者瓷板等媒介，再利用板子的热辐射进行加热。想要更接近炭火的效果，关键是要将板子加热到与炭火差不多同等的温度，以及使用能放射出大量远红外线（辐射率高）的材料或表面镀材做成的产品。

市面上销售的有『可放射出远红外线』标识的烤鱼网，也可以拿来使用。但是加热过的烤鱼网要与食物保持一定的距离。

还可以使用一种可以架在煤气灶上方的铁架（图5），若没有铁架可以用铝箔纸包裹砖块放置在烤炉的两侧，然后架上2根棱形细铁棍，再放上穿好的烤串进行加热。另外，也可以在砖块上架上金属烤网，在烤网上烤食物。市面上销售的烤鱼网中，也有烤鱼网和金属板或瓷板组合在一起的类型，但网和板之间的距离近至只有数厘米，想要满足『大火且远火』的要求，还是利用铁架更合适。

但是，即使用这种办法来模拟炭火，煤气也很难重现炭火烧烤所具有的独特香气。

参考文献
［1］辰口，阿部，杉山，等. 炭烤加热特性的解析（第1报）：热通量在一定条件下的传热特性的比较. 日本家政学会志，2004，55（9）：707-714.
［2］杉山，涉川. 辐射加热中红外线波长对食物表面的渗透性. 日本家政学会志，2002，53（4）：323-329.
［3］石黑，阿部，辰口，等. 炭烤加热特性的解析（第2报）：关于炭烤食品气味的研究. 日本家政学会志，2005，56（2）：95-103.

**图5 铁架**
将金属烤鱼网放在煤气灶上，再在上方组装好铁架。可把食物穿在细金属扦子上来烤。

# 第2章 海鲜

# 六线鱼

## 山椒嫩叶味噌烤

**撒盐→烤制→放上味噌→味噌炙烤**

○六线鱼的脂肪比较少，是一种味道比较清淡的鱼。因为不容易烤出烟熏香气，所以加入山椒嫩叶味噌来增加风味。

○首先用中火烤鱼皮面，固定好鱼片的形状，然后用较小的火烤鱼肉面，以让切了花刀的鱼片的各处尽量受热均等。最后慢慢提升至大火，把鱼皮烤至酥脆。鱼皮面烤好之后，将山椒嫩叶味噌放在鱼肉面上，进行最后的烤制。

**［山椒嫩叶味噌］**

玉味噌　200g
山椒嫩叶（只要叶片）　10g
青菜汁　20g

※把山椒嫩叶放在研磨钵中仔细研碎。然后加入玉味噌和青菜汁一起混匀。

**［分切、划刀口］**

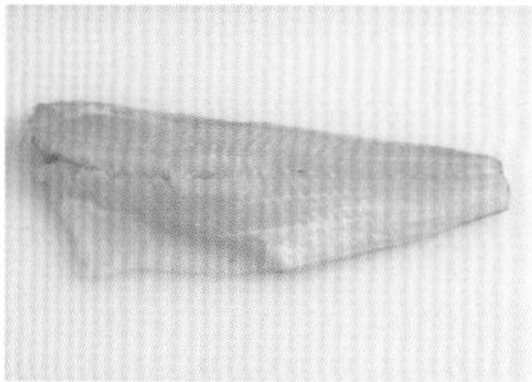

**1** 将六线鱼以三枚切（见22页）的方式处理好，去掉中骨（中间的大骨头）。

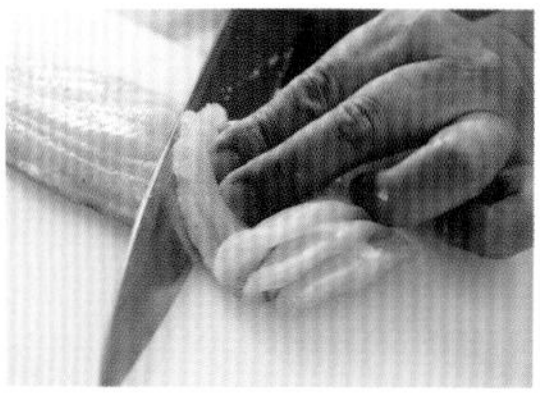

**2** 间隔5mm斜着划出深刀口。注意不要切到鱼皮部分，入刀至快到鱼皮的位置即停止，形成一排底部与鱼皮相连的花刀片。

**3** 入刀时若碰到鱼骨，就用镊子拔掉。在鱼腹部分中骨是弯曲的，即使事先已经采取去除处理，也还是会有残留。

**4** 分切成一片100g左右。

**［撒盐］**

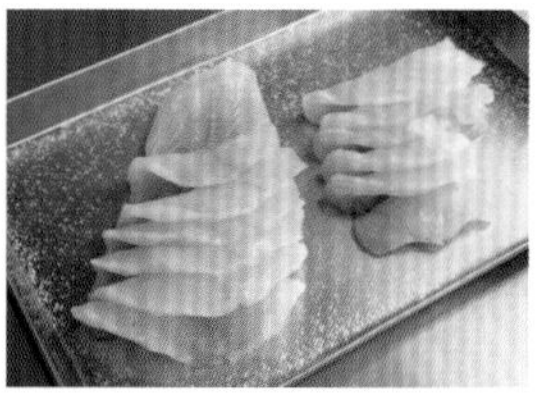

铁盘内撒上少量的盐，将分切好的六线鱼鱼皮面朝下摆在铁盘内，再从上方撒盐，让鱼片整体都裹上盐。在常温下静置10分钟让盐入味。

**［穿串］**

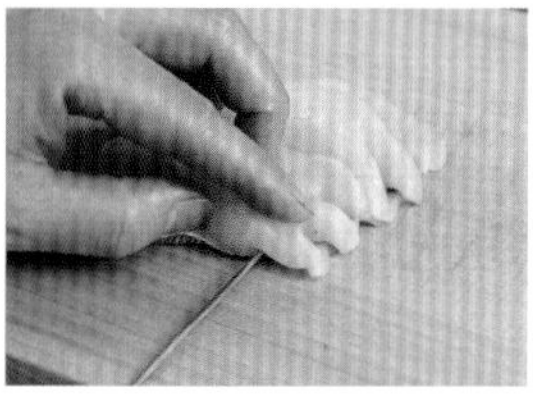

**1** 在鱼皮稍往上的位置穿入细扦。如果穿入细扦的位置太过偏上，鱼肉会容易破碎。要小心地穿过每个斜切的深刀口。

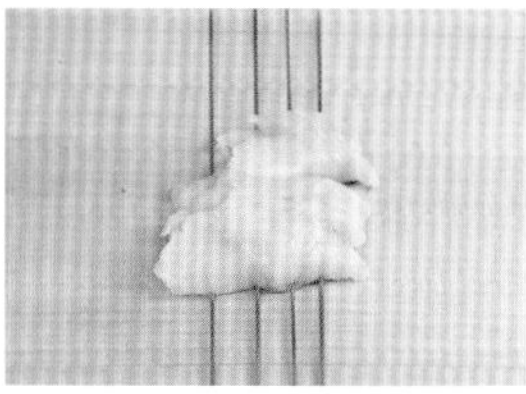

**2** 按照右侧、左侧、中间（2根）的顺序穿入4根细扦。细扦的根数可依据鱼片的大小决定。

烤得香脆的皮
和上面的山椒嫩叶味噌
是美味的关键

［烤制］

**1** 将火力调整到4左右的中火，然后从鱼皮面开始烤。🔥4

**2** 鱼皮变干后翻面，烤鱼肉面。在最初烤鱼皮时，整体形状就大致确定了，但要注意别烤过头，不然鱼皮就会收缩卷曲。🔥4

**3** 因为想让斜划刀口深处的鱼肉也被烤到，所以调整至2的小火。大火会让鱼肉干巴巴的，花刀片的外缘也会烤焦。🔥2

**4** 在这个阶段与其说是烤，不如说是烘干。侧面也要烤到位，使每一片花刀片都形状固定，并逼出水分与脂肪。🔥2

**5** 继续烤鱼肉面。稍微烤上烧色后，把火力提升至3~4。如果继续用小火烤，美味就会流失。🔥3~4

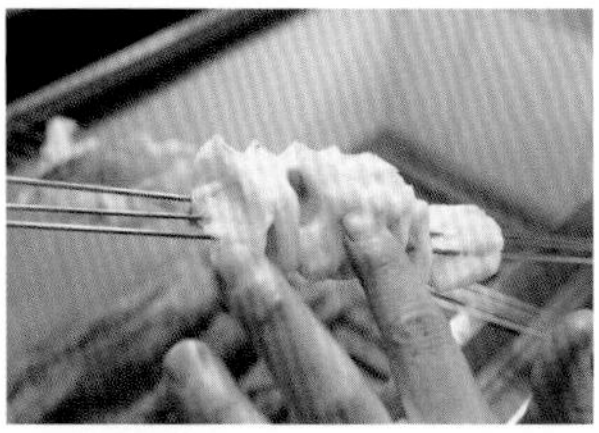

**6** 试着拨开花刀片，让接近鱼皮的刀口深处也能烤到，烤好后再翻面。🔥3~4

**7** 烤鱼皮面。🔥3~4

**8** 为了让鱼皮变得酥脆，添加炭把火力从5调整到6，再从6调整到7，这样慢慢加大火力。🔥5~7

**9** 鱼皮开始慢慢膨胀。将鱼皮烤出如图所示程度的烧色。🔥7

**10** 将烤串移离炭火，用勺子把山椒嫩叶味噌放到鱼肉面上。

**11** 将火力降低至2，烤山椒嫩叶味噌。🔥2

**12** 为了既不烤焦又能让味噌均匀烤上烧色，夹着一根烧得通红的炭贴近山椒嫩叶味噌炙烤。🔥2

**13** 味噌凝固变硬且烤上烧色就烤好了。🔥2

**14** 山椒嫩叶味噌最终被烤得焦香。

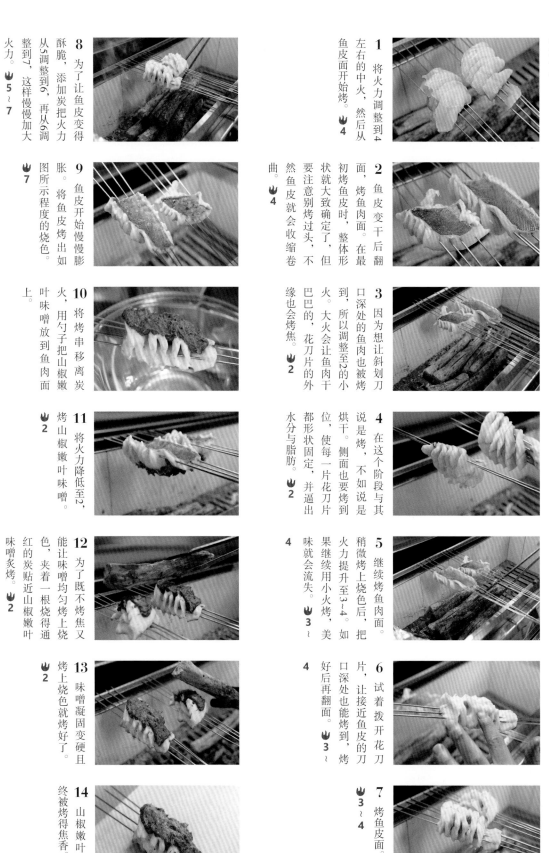

# 障泥乌贼

○乌贼身的部分，主要从正面开始烤到3成熟即可，以保留湿润的口感，且食用时能感受到表面划出的细刀口所带来的微妙触感。

○乌贼鳍的部分，只把正面烤到微呈焦黄就可以了，这样口感就会变得很有嚼劲。薄薄的乌贼鳍在烤正面时背面也会一起熟，所以背面部分只需快速烤一下即可。注意不要烤过头了，否则口感会变得很硬。

［分切、划刀口］

**1** 把剥去皮的乌贼4等分切成片，一片约100g。乌贼鳍切成2等份，一片约50g。

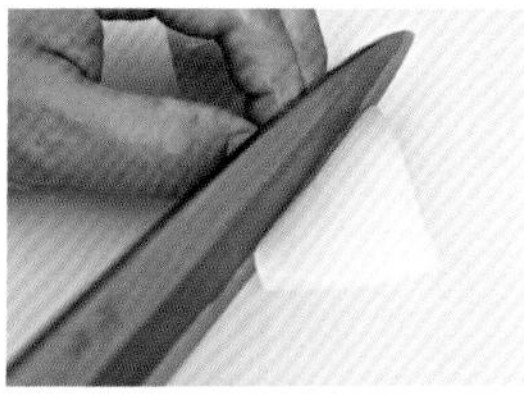

**2** 在乌贼身片上斜着划出细刀口。入刀深度为从表面向下约2/5厚度的位置。

［穿串］

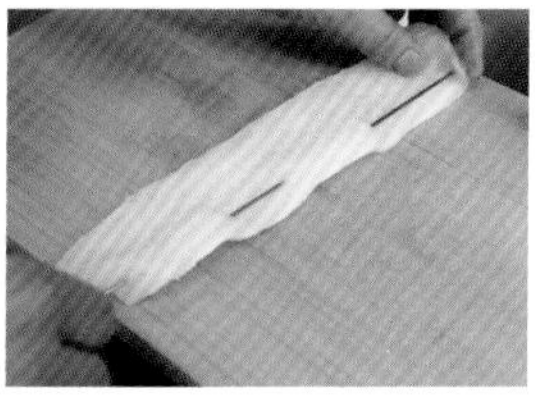

**1** 像缝衣服一样穿入一根扦子，让乌贼身片呈波浪状。

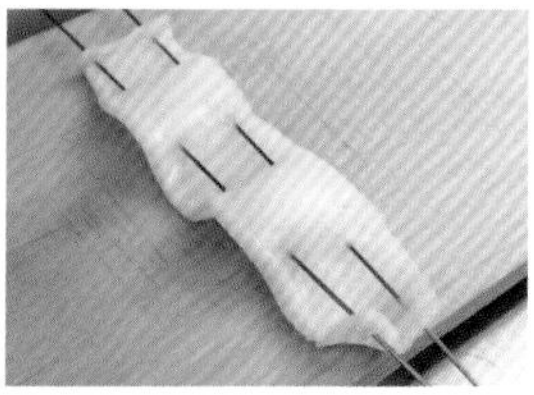

**2** 平行地再穿入第二根扦子。

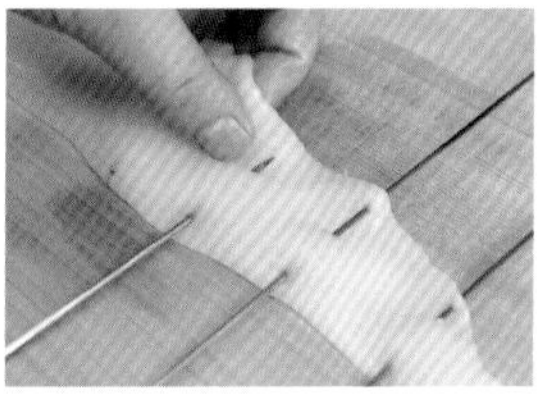

**3** 乌贼鳍片为了维持弹性的口感，不需要划出细刀口。但因为形状不规则、宽度不等，所以横着像缝衣服一样穿入扦子，使其稍呈波浪状。

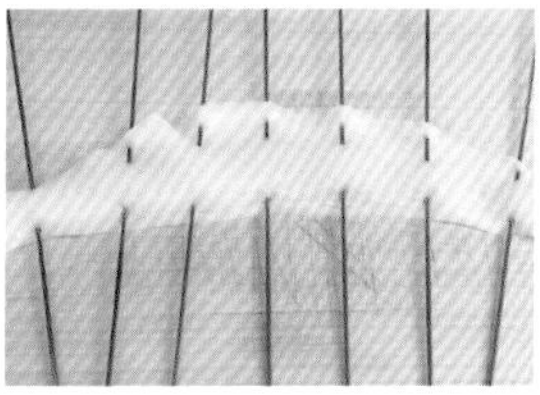

**4** 如图大小的乌贼鳍片可以穿7根扦子。

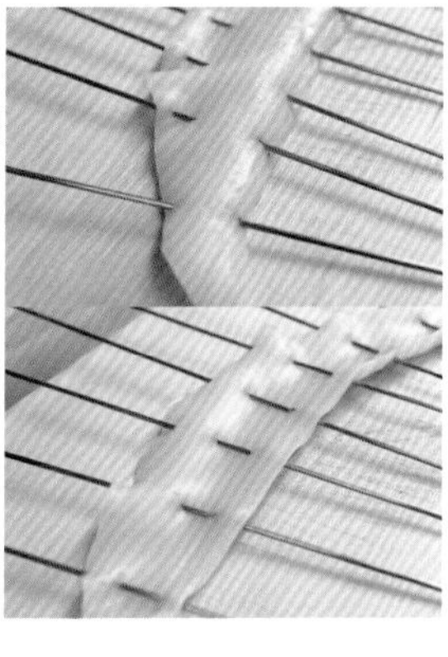

**5** 穿好扦子的乌贼鳍片的正面（上图）和背面（下图）。

## 【烤乌贼身】

**1** 将火力调整为10。乌贼身片只需要用大火快速炙烤一下即可。因为需要让乌贼身片离炭火近一些，所以把烧得通红的炭堆高一些。 10

**2** 烤正面。同时用扇子扇风以保持大火。 10

**3** 拨动一下炭，以使乌贼身片的背面也能被热量包围。继续用扇子扇风。 10

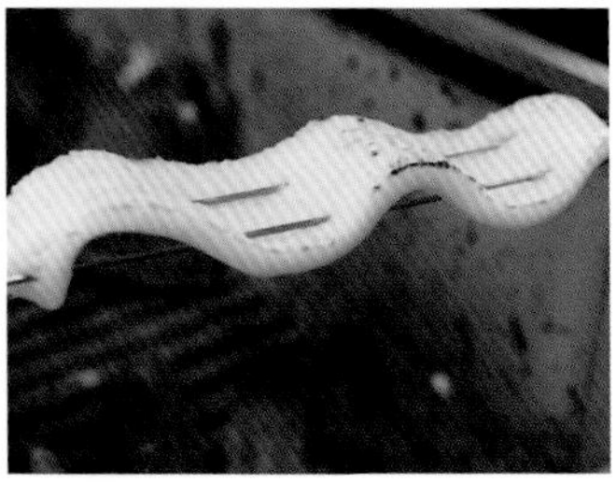

**4** 发出噼里啪啦的声音之后，将火力降低至3，然后翻面烤背面。稍微烤至发烫的程度就可以了。 3

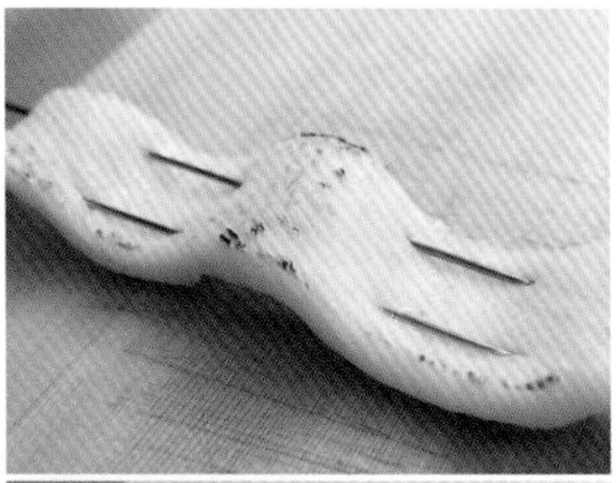

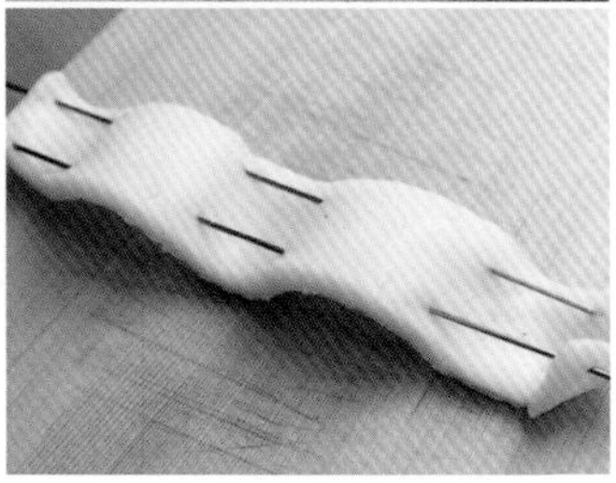

**5** 快速烤一下后马上从炭火上拿下来。烤好的正面（上图）和背面（下图）。正面烤上些微烧色，背面不要烤上烧色。撒上盐，配上酢橘食用。

## 【烤乌贼鳍】

**6** 将火力调整至5，从正面开始烤。 5

**7** 烤至肉开始收缩，且边缘一周稍变成白浊（不透明）状后，翻面。 5

**8** 因为乌贼鳍肉很薄，经过步骤6、步骤7的操作后，背面某种程度上也已经接近熟了，所以只需稍烤一下即可。 5

**9** 将火力提高至8，翻面将正面烤上些微烧色。注意不要将背面也烤上烧色，否则成品就会变得像煎饼一样脆了。 8

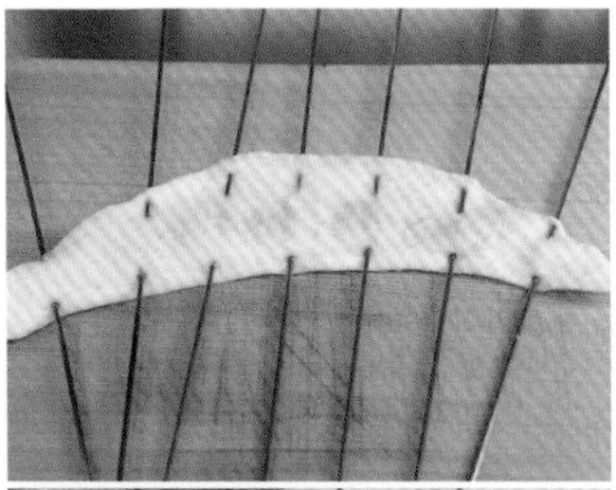

**10** 烤好的乌贼鳍。

3 成熟的乌贼身口感湿润，乌贼鳍则很有嚼劲，二者在烤制上要有所区别

# 赤鲑

## 山椒粒烤

腌渍→烤制→淋酱烤制→静置15分钟→淋酱烤制

○赤鲑也叫作喉黑或红喉，属于鱼皮和鱼肉之间胶质非常丰富的鱼类。使用2kg左右的大型赤鲑会比较理想，但是难以入手也是实情。因为作为烤物还是希望肉有些厚度，所以尽量使用大一些的赤鲑。

○比起鲳鱼等鱼类，赤鲑的脂肪含量更高，特别是在寒冷的季节有着相当丰富的脂肪。在这个时节，十分适合刷上加入了完整煮山椒粒的味噌幽庵腌渍料来烤制。赤鲑脂肪比较多，为了入味要多刷些腌渍料。

[山椒味噌幽庵腌渍料]

幽庵腌渍料　500mL
- 味淋　2份
- 清酒　1份
- 浓口酱油　1份

白粒味噌　300g
煮山椒粒　30g

※将煮山椒粒放入研磨钵内仔细研磨，再加入幽庵腌渍料（做法详见15页）一起研磨。最后放入白粒味噌，仔细混合拌匀。

[烤酱]

味噌幽庵腌渍料　适量
煮山椒粒　适量

※味噌幽庵腌渍料参见16页『（用作烤酱时）』的做法。在味噌幽庵腌渍料中加入完整的煮山椒粒即制得烤酱。

[分切、划刀口]

若使用1kg左右的赤鲑，以三枚切（见22页）的方式切出2枚鱼身片，修整形状后不再分切直接使用。若使用更大型的赤鲑，每枚鱼身片再分切成小片后使用。在鱼皮上斜着划出细刀口，这样从其中溢出来的油脂能让鱼烤得酥脆。

[腌渍]

容器中倒入山椒味噌幽庵腌渍料，然后把鱼片并排放入。盖上厨房用纸，让被幽庵腌渍料浸透的厨房用纸均匀裹住鱼片表面，静置90分钟。

[穿串]

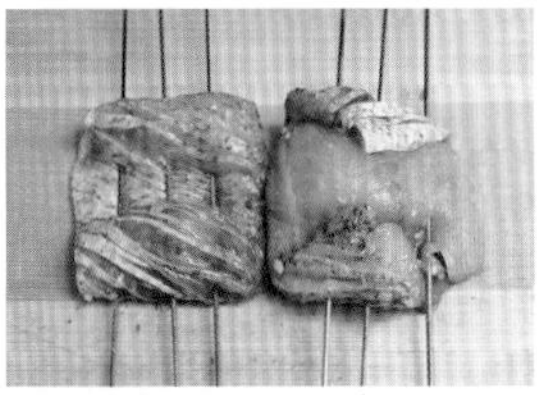

以从尾部向头部的方向穿串。以先右侧、再左侧、最后中间的顺序穿入3根扦子。穿串时将鱼片两端折起（两褄折）。

[烤制]

**1** 首先从装盘时作为正面的鱼皮面开始烤。火力调整为小火2。 2

**2** 烤至鱼皮干燥且稍微变色时翻面。这个阶段鱼皮面已经有2成熟了。 2

**3** 烤鱼肉面。烤至表面干燥且开始变色。此时鱼肉面也大概有2成熟了。 2

丰富的胶质和储存在鱼肉中的脂肪、
适合搭配味道浓郁的味噌幽庵腌渍料

**4** 将烤串暂时移离炭火，淋上大量的烤酱。

**5** 为了让烤酱能留在作为正面的鱼皮面上，从鱼肉面开始烤。鱼肉面烤至3成熟。2

**6** 翻面，烤鱼皮面。火力一直保持在2的程度。要注意若烤酱滴落在炭上则温度会下降。2

**7** 将烤串移离炭火，淋上大量的烤酱，然后快速地稍烤一下鱼肉面。2

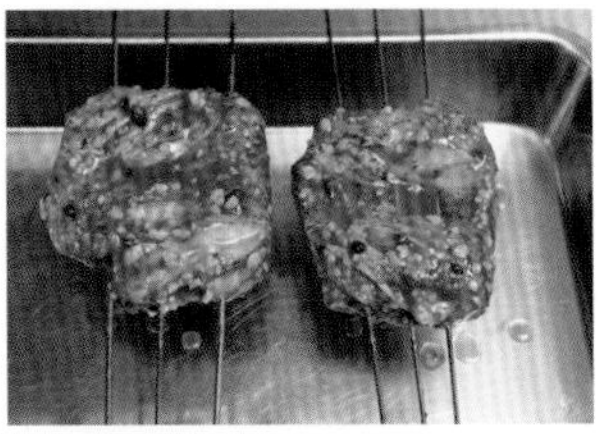

**8** 稍烤后立即移离炭火，静置15分钟左右。利用余热让整体达到6成熟的状态。

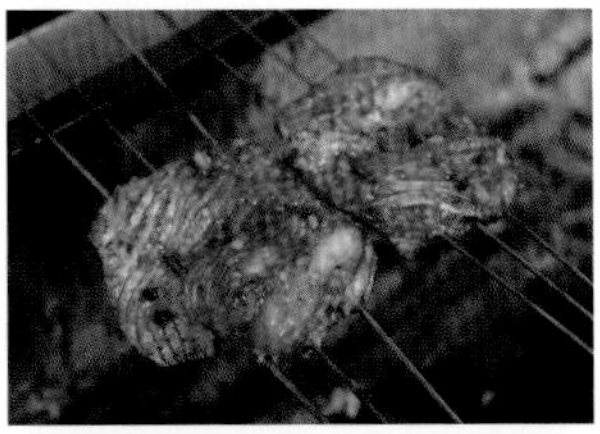

**9** 将火力增强至3~4，然后从鱼肉面开始烤，烤至温热的程度。3~4

**10** 翻面，以同样的方式烤鱼皮面。3~4

**11** 将烤串暂时移离炭火，继续淋上大量的烤酱。

**12** 烤酱若滴落在炭上则温度会下降，所以把烧得通红的炭堆积在一起来增强火力。将火力增强至6~7。首先从鱼肉面开始烤。因为刷的烤酱为能保持水分的味噌幽庵腌渍料，所以就算使用大火也不容易烤焦。6~7

**13** 翻面，继续烤鱼皮面。6~7

**14** 将烤串暂时移离炭火，淋上烤酱。

**15** 将火力增强至8，鱼肉面、鱼皮面都再烤一下就完成了。8

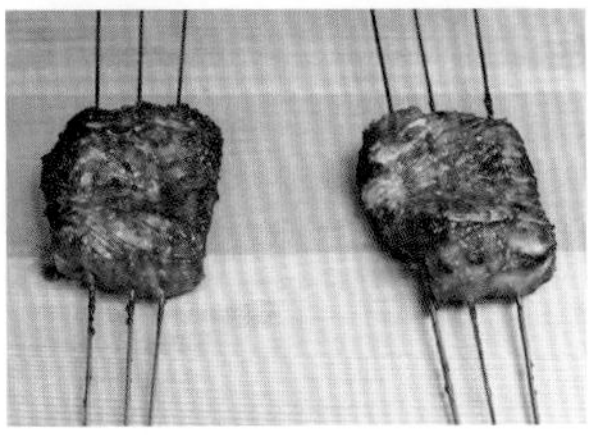

**16** 烤好的赤鲑。拔出扦子，撒上山椒粒后装盘。

# 竹筴鱼

## 烤全鱼

撒盐→烤制

○烤全鱼时，鱼身形姿态的好坏是最关键的。想要再现活蹦乱跳的姿态，穿串的处理尤其重要。穿串时让鱼身呈波浪状，就如同活鱼般灵活跃动。

○因为有头部和骨头，所以为了充分烤熟，要用较小的火慢慢烤。为了不破坏形态，尽量不要反复多次地翻面及移动烤串，可依靠把烧烤台内的炭堆高或者摊低的方式来调整火力。

［清理、划刀口］

**1** 去除鱼鳞，拔掉鱼鳃。图中为一条重270g、体长31cm的日本德岛产的竹筴鱼。

**2** 从装盘时朝下的那面的胸鳍根部处入刀，向着腹部的方向斜切一刀。

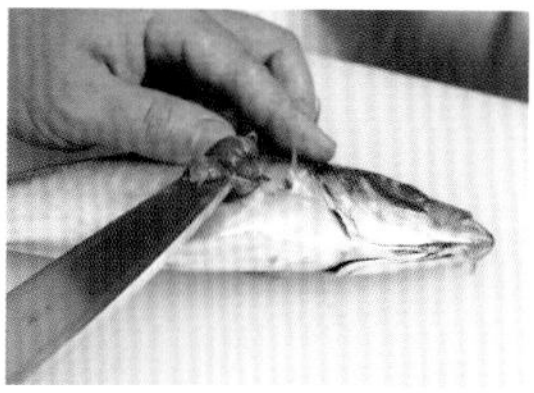

**3** 从刀口处插入刀尖，去除内脏。

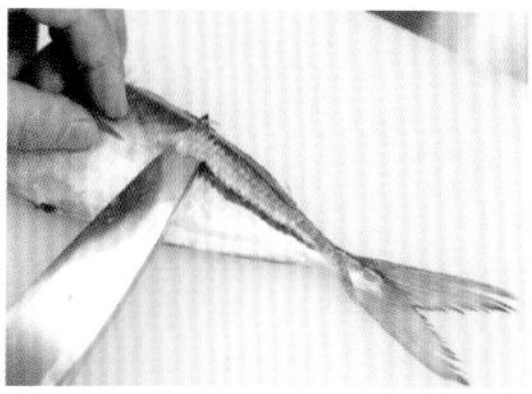

**4** 从尾部入刀水平向前剔棱鳞。

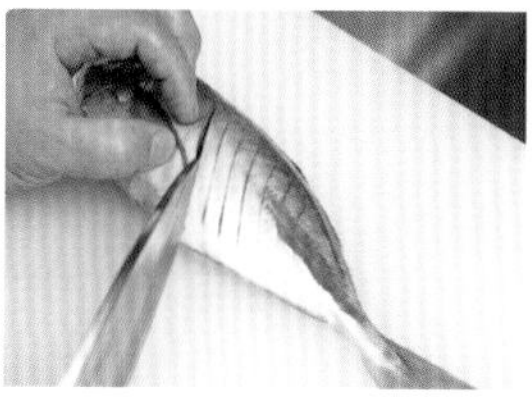

**5** 在鱼身两面分别斜着划12道左右较浅的刀口。

［撒盐］

铁盘内撒盐，摆上竹筴鱼，再在鱼上撒盐，静置30分钟，让盐渗入鱼身各处。

［穿串］

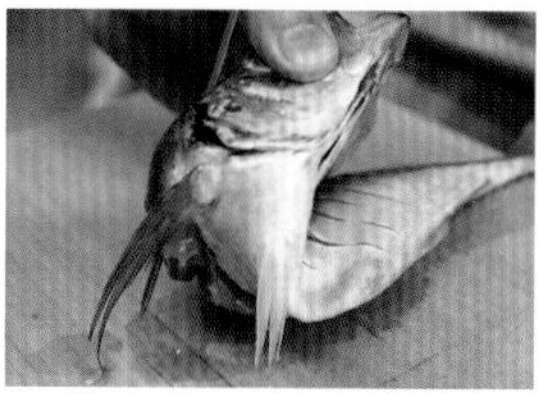

**1** 将鱼身弯折着立起，然后从装盘时朝下的那面的鳃盖根部处刺入扦子。

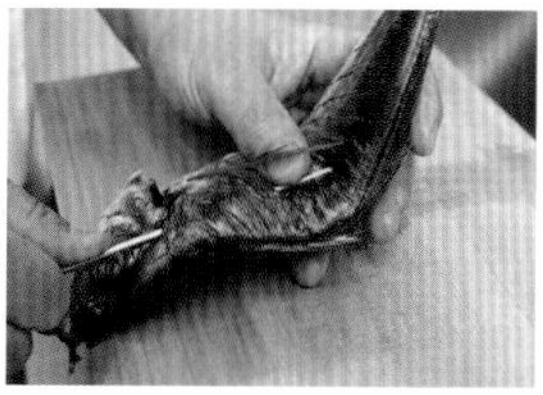

**2** 用手拿好放平的竹筴鱼，扦子穿出后再在向前约两指宽处刺入扦子，并刺穿到中骨的对面。

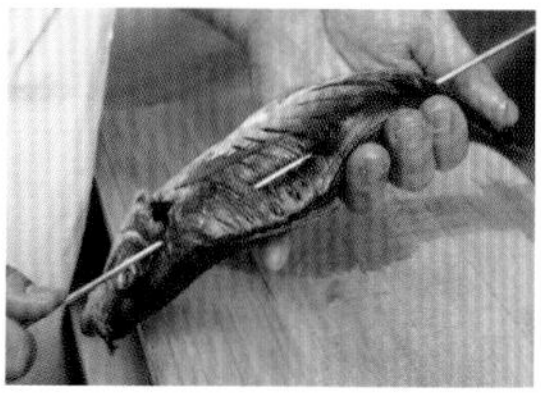

**3** 在接近尾鳍处将扦子穿出。

**4** 将另一根扦子从鳃盖的近腹部端刺入，并压住鳃盖。

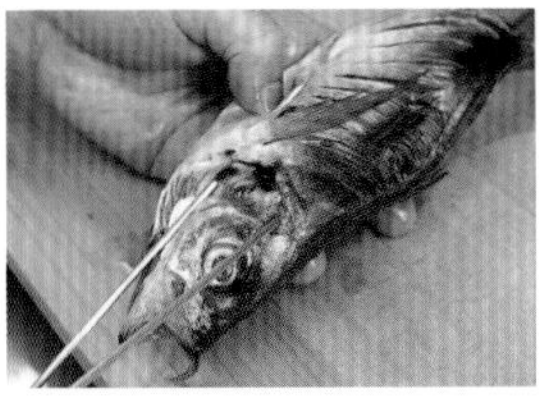

**5** 将扦子从胸鳍的后面穿出，再在向前约两指宽处刺入。

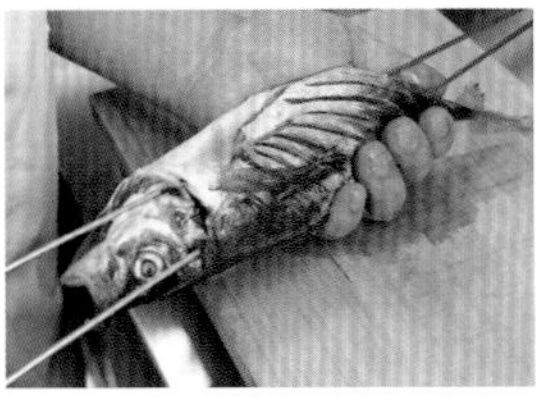

**6** 与第一根扦子保持平行，同样在接近尾鳍处穿出来。

**7** 穿串完成的竹筴鱼。装盘时朝上的那面，扦子都没有露出来。胸鳍、腹鳍、尾鳍为了避免烤焦，用铝箔纸包裹起来。

［烤制］

**1** 将火力调整为小火2。炭上覆盖炭灰，炭不要堆积过高，而要平摊着摆放。从装盘时朝上的正面开始烤。 2

**2** 烤出如图所示程度的烧色后，翻面烤背面。这个阶段已经有7~8成熟了。 2

**3** 再次翻面烤正面。将火力提升至3~4。在鱼身下方将烧得通红的炭堆高些。 3~4

**4** 烤制过程中可添换炭来保持火力。但是比起直接使用烧得通红的炭，覆盖了炭灰的状态可让炭火比较柔和，烤制效果更好。 3~4

**5** 烤出如图所示程度的烧色后，就算是完成了。 3~4

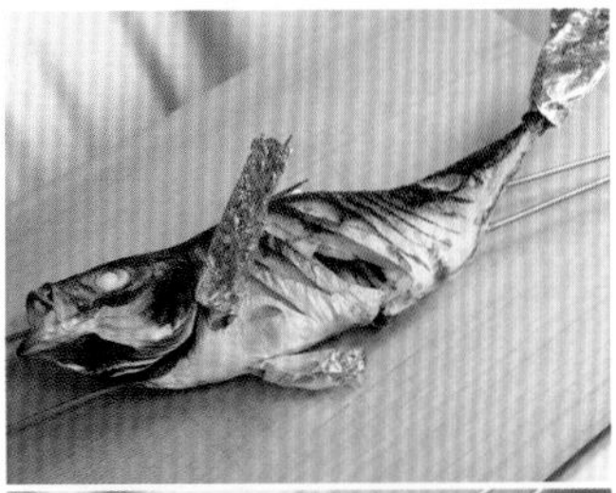

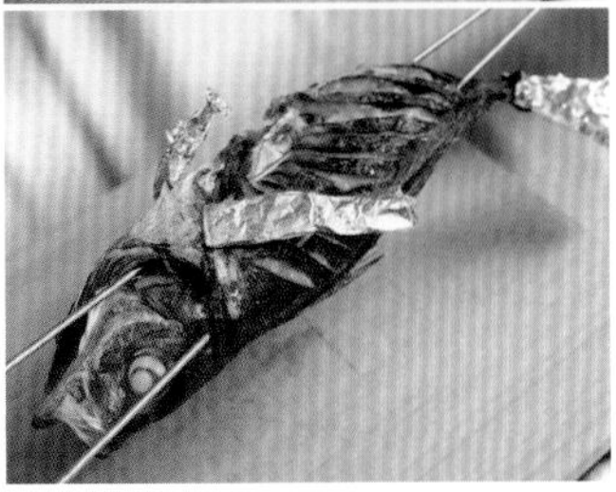

**6** 烤好的竹筴鱼全鱼。拆去铝箔纸之后装盘。

从一尾鱼的中心开始，
感受炭火热烘烘的魅力

# 星鳗

渍烤

白烤→刷酱烤制

○星鳗大条的可长达1 m左右，若是用来做炸物则会选用小条的，用来做烤物则多选用一条200~300 g的。

○星鳗的体表整体都覆盖有黏液，因为黏液在用火烤时会被烤干，所以前期处理阶段无须费劲洗得那么干净。预先开背处理，先不刷幽庵腌渍料进行白烤，完全烤熟之后才开始刷幽庵腌渍料。

○想要烤得皮很酥脆而肉很松软，皮的部分要用大火来烤，而肉的部分要用稍微小些的火来烤。

**[幽庵腌渍料（涂刷用）]**

味淋　2份

清酒　1份

浓口酱油　1份

※将味淋和清酒混合后煮沸，使酒精挥发，静置放凉后再加入浓口酱油，混合均匀即制成，做法详见15页。

**[穿串]**

因为是比较长的鱼，所以要穿好几根扦子。图中使用了7根扦子。如果扦子数量不够，每根扦子所承受的重量就会变大，鱼肉就有可能因碎裂而从烤串上掉下来。

**[剔除小刺]**

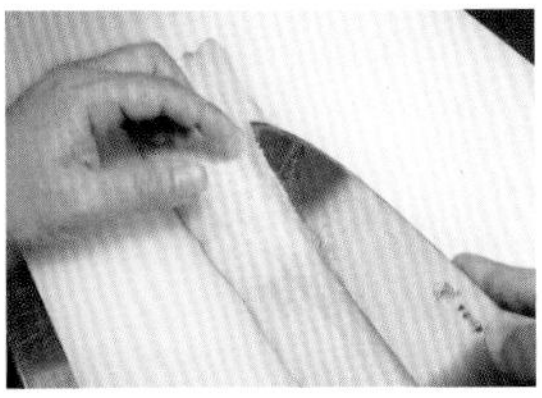

图中所示为开背处理过的星鳗。沿着残留的小刺的两侧滑动入刀，让小刺浮起来，然后用刀剔除小刺。小刺若有残留，食用时就很容易进入口中。

**[在鱼肉面划刀口]**

为了防止鱼肉受热时收缩或卷曲，同时为了清理干净剩下的小刺，在鱼肉面纵向划6~7道刀口。入刀深度大约是肉厚度的一半。烤的时候，从刀口处就会慢慢溢出油脂。

**1** 首先在最接近头部的位置刺入主扦，从接近表皮的位置穿过。在烤制过程中需翻面时，必须要握着主扦翻面，所以主扦一定要结实牢固地穿好。其他的扦子也全部要从接近表皮的位置穿过。

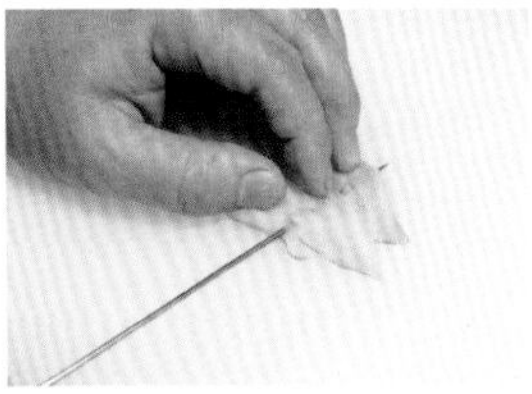

**2** 接下来在接近尾部处穿入一根扦子。

**3** 从左到右按顺序穿入其他扦子

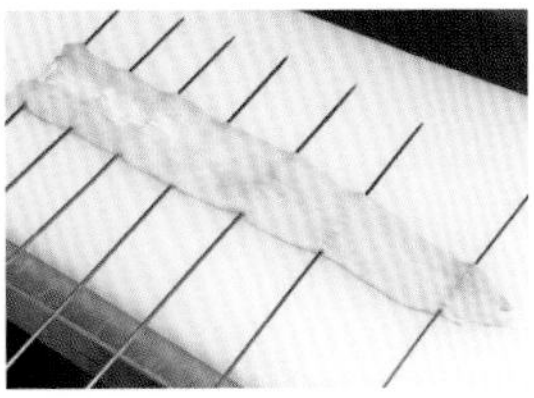

**4** 穿串完成后的星鳗。为了使每根扦子都承受均等的重量，穿到右端较窄的部分后要稍微拉大扦子的间隔。

表皮酥脆、肉质松软，
酱油带来了独特鲜明的滋味

## [烤制]

**1** 从鱼皮面开始，用火力7的大火烤。直至鱼皮表面的黏液被烤干，鱼皮本身也开始被烤干为止。 7

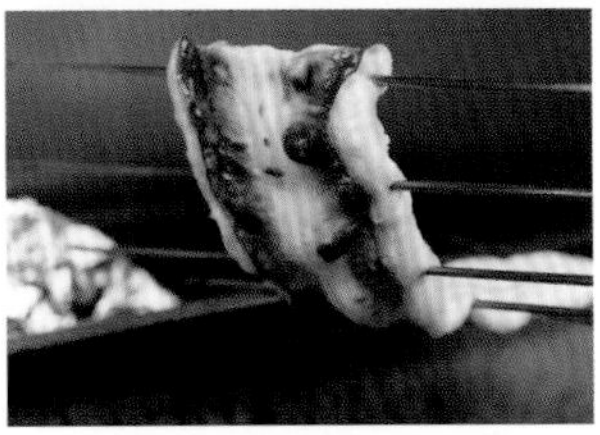

**2** 烤至如图所示略微上色且鱼皮开始膨胀时，以主扦为主举高翻面。这个阶段已大概有2成熟了。 7

**3** 烤鱼肉面。移动炭火让火力减弱至5。鱼皮面要烤得酥脆，但鱼肉面应花时间慢慢烤。 5

**4** 油脂开始从刀口处溢出并滴落。为了不降低火力，要不时加炭。 5

**5** 鱼肉面烤出如图所示程度的烧色之后，即可翻面。 5

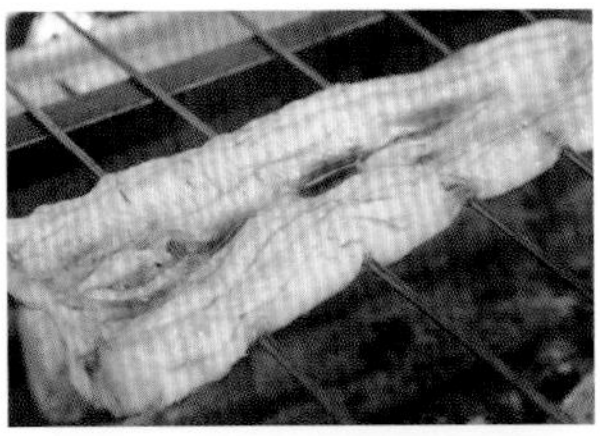

**6** 用刷子在鱼肉面均匀地刷上幽庵腌渍料。 5

**7** 刷好之后立即翻面，把鱼肉面的腌渍料烤干。 5

**8** 再次在鱼肉面刷上幽庵腌渍料，然后再烤干，腌渍料烤干之后翻面，第3次在鱼肉面刷上幽庵腌渍料。 5

**9** 鱼皮面的烧色变得更浓郁了。

**10** 这时第1次在鱼皮面刷上幽庵腌渍料。快速把腌渍料烤干，然后再刷一次。现在鱼皮面也附着有腌渍料了。 5

**11** 在鱼肉面再刷一次幽庵腌渍料。 5

**12** 进入最后的烤制阶段。把烧得通红的炭堆积起来，将火力提升至大火7。分别在鱼皮面和鱼肉面刷上幽庵腌渍料，然后再烤干。 7

**13** 最后调整至最大火力10，让烧色比较浅的部分靠近炭火，使整体烧色均等。 10

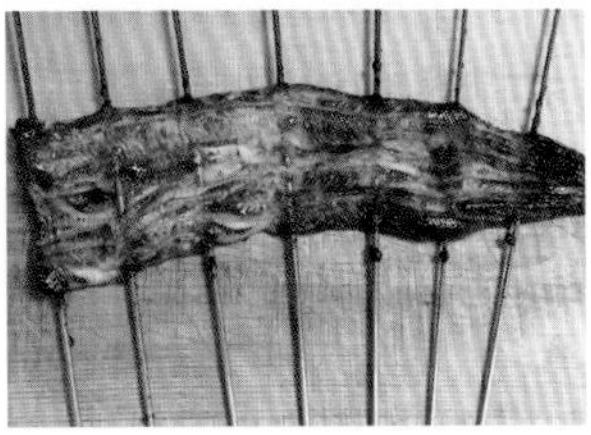

**14** 烤好的星鳗。扦子可一边转动一边拔出来。

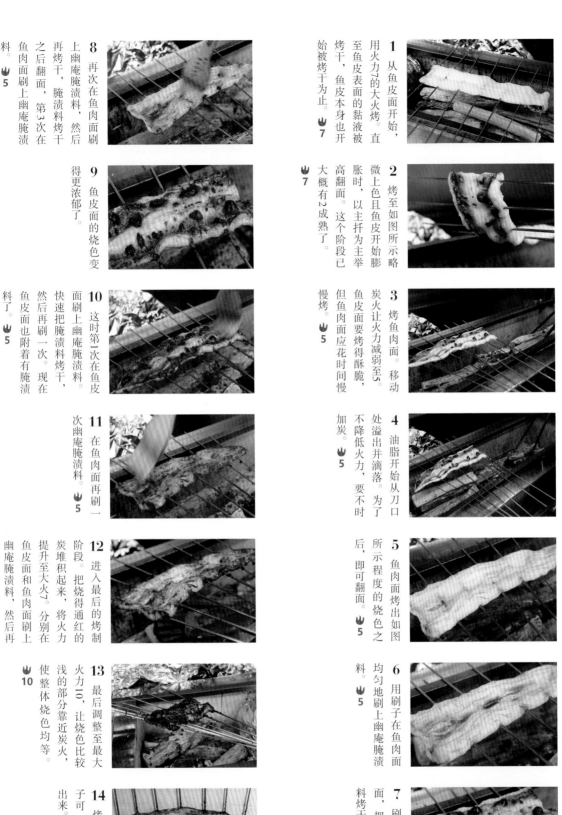

# 甘鲷 I

## 盐烤

撒盐→烤制

○一般认为烤物在烤制时是不需要经常翻面的，但是使用炭火的时候会不时翻面，以使两面能均等地一点一点受热，从而具有相同厚度的凝固层，这样在表面被烤干的同时内部的水分也不会蒸发，就能保持湿润的口感。

○除了因为炭火而受热，鱼皮面慢慢溢出的油脂也会散发出热量传到鱼肉中。最后用大火来烤鱼皮，表皮刀口处溢出的油脂制造出微炸的状态，之后油脂也被烤干。

［分切、划刀口］

图中的甘鲷已去除鳞片，并以三枚切（见22页）的方式处理好。在背部的表皮上划出细刀口。接下来在鱼肉较薄的腹部也同样划出细刀口，可以用毛巾等垫高腹部以方便入刀。以与切去鱼头的斜刀口垂直的方向划出细刀口，这样烤时油脂会比较容易从膨胀裂开的刀口处流出。最后分切成大小合适的片。

［撒盐］

铁盘内撒上薄薄一层盐，将切好的鱼片均鱼皮面朝下摆在铁盘内。再从上方撒盐到鱼肉面上，为了入味要稍微撒多一些。如果鱼皮面朝上摆放，盐就很难渗入鱼肉中。在常温下静置30分钟让盐渗透入味，待水分渗出而鱼肉表面变得湿润时就差不多了。覆盖上保鲜膜，放入冰箱中冷藏30分钟。

［穿串］

可以把比较薄的腹部一侧的肉折起来穿串（片褄折），这样厚度与背部一侧的肉一致，就能更均等地烤熟。然后弯曲鱼片使其呈波浪状穿在扦子上，这样烤好后看起来更美味，同时在烤制过程中扦子不易转动或滑脱。

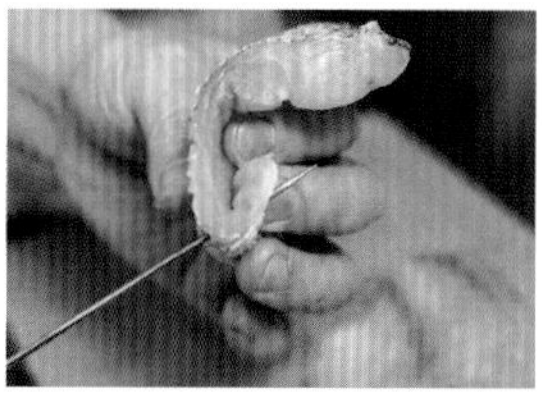

**1** 折起腹部一侧的肉，从鱼皮面刺入扦子。

**2** 像缝衣服一样将扦子刺穿到上方。

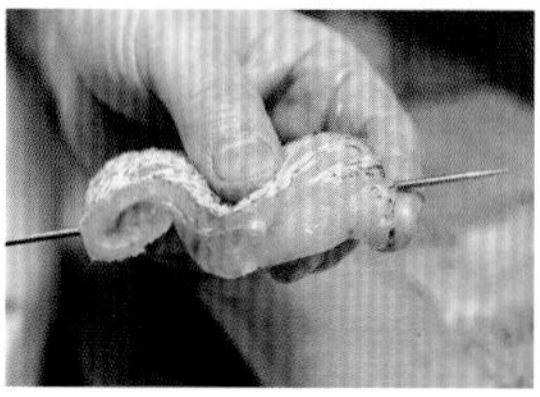

**3** 想象着烤制完成时欲得到的形状，弯曲鱼片使其呈波浪状穿在扦子上，最后从鱼皮面穿出来，让扦子不易滑脱。

**4** 另一根扦子也以同样的方法穿好。

［烤制］

**1** 用中火5开始烤鱼皮面。5

**2** 鱼皮面开始稍有油脂浮出之后，翻面。5

**3** 烤鱼肉面。火力继续保持为中火。5

**4** 鱼肉变白之后翻面，烤鱼皮面。5

**5** 一边观察侧面，一边不时翻面，让两面能均等地一点一点受热。火力一直保持为中火。5

※一开始从鱼皮表面有油脂浮出，然后逐渐地从鱼肉内部会有更多油脂渗出来。

※在烤鱼肉面时，热量不仅来自下方的炭火，鱼肉还能接收到上方因有油脂溢出而变得更热的鱼皮面的热量。

※富含脂肪的部位更容易烤熟，要频繁地一边翻面一边烤。特别是烤腹部的时候，因为富含脂肪且肉比较薄，所以需要特别留意。

**6** 如果炭之间有缝隙，滴落的油脂会燃起火焰，使鱼肉烤焦且沾上烟灰，所以要边烤边适时地添炭以填补空隙。5

**7** 烤至一定程度鱼肉已不易碎裂时，可以转动一下扦子，以便之后能轻松抽出扦子。5

**8** 最后把炭归拢到一起使火力加强到7。从此时开始到最后都使用大火。7

**9** 烤鱼皮面，进入最后的烤制阶段。烤至油脂像挤榨出来一样从鱼皮表面滴落，就算是烤好了。7

**10** 烤制完成。两面都整体烤出了看起来很美味的焦黄色泽。根据情况大概翻面二次就烤好了。

表皮刀口处溢出的油脂
帮助烤出微炸般的口感

# 甘鲷Ⅱ

## 味噌渍烤

撒盐→腌渍→烤制→刷味淋

○用味噌腌渍，味噌浸入鱼肉的同时，还会去除鱼肉的多余水分。烤制时刷酱汁会使温度下降，采用味噌渍烤的方式时，因为烤制时不刷酱汁，同时鱼肉的多余水分在腌渍时已被去除，所以应控制好火力以免烤焦。以小火慢慢地烤，最后刷上味淋以增添光泽感。

［味噌腌渍料］

白粒味噌　2 kg
味淋　215 mL
清酒　50 mL

※将味淋一点一点地加入白粒味噌中，再一点一点地加入清酒并拌匀。

［撒盐］

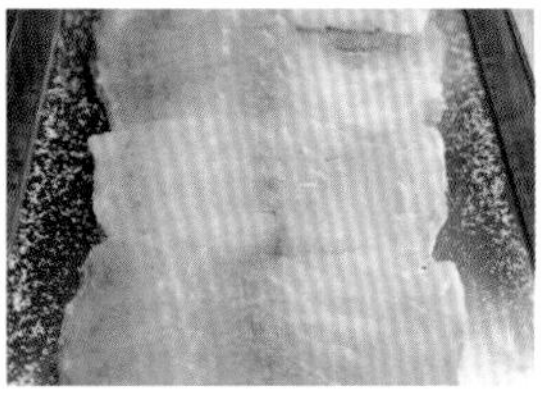

铁盘内撒上薄薄一层盐，将甘鲷鱼片（一片80 g，鱼皮上划出细刀口）鱼皮面朝下并排摆在铁盘内，再从上方撒上薄薄一层盐。在常温下静置1小时。

［腌渍］

**1** 铁盘内铺上薄薄一层味噌腌渍料。

**2** 再垫上一块纱布，上面并排摆放撒了盐的甘鲷鱼片。

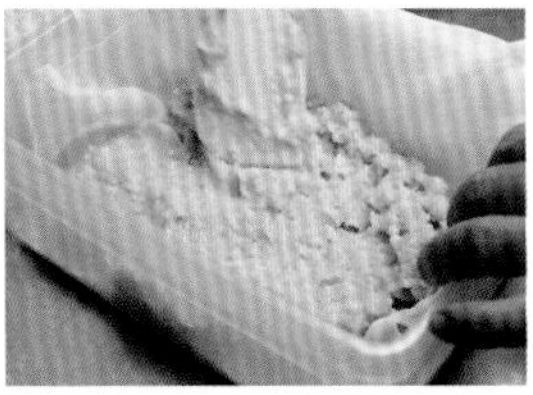

**3** 在鱼片上方盖上一块纱布，然后铺上比步骤1稍微厚一点的味噌腌渍料。然后再用纱布盖上，轻轻按压一下。放入冰箱冷藏室中腌渍。

**4** 第3日的甘鲷鱼片。腌渍满3日后方可使用。

［穿串］

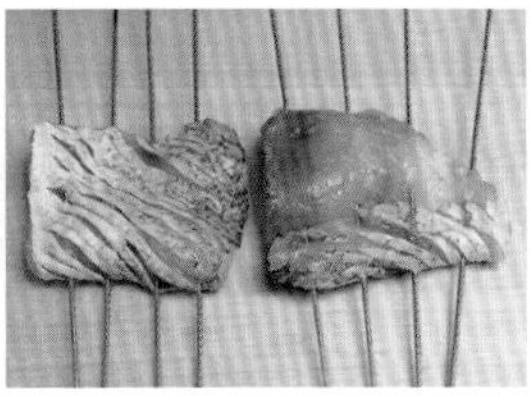

从右侧开始穿入1根扦子。接着在左侧穿入1根扦子，最后在中间穿入2根扦子（从右到左的顺序）。需要把鱼片的一边折起来（片褄折）。

以小火慢慢地烤，
用味淋烤出惊艳的光泽

[烤制]

**1** 把撒上炭灰的数根炭堆积在一起，从鱼皮面开始烤。甘鲷在用味噌腌渍料腌渍时已去除了多余的水分，所以火力保持在2左右较好。 2

**2** 鱼皮面烤至开始变白之后翻面烤鱼肉面。此时鱼皮的红色会变得更鲜艳。 2

**3** 因为腹部的肉比较薄，可将这部分堆叠起来以调整受热程度，否则很容易烤焦。 2

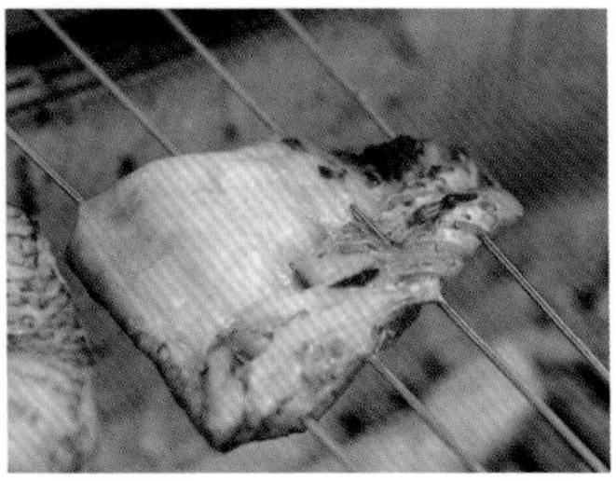

**4** 鱼肉面烤至开始发白之后，翻面烤鱼皮面。熟度以肉最厚的部分来判断。为了能充分受热烤透，不要用大火猛烤，而要用小火慢慢烤熟。 2

**5** 鱼皮面烤出看起来很香的烧色之后，翻面烤鱼肉面。 2

**6** 将火力增强到3，在鱼皮面刷上味淋。 3

**7** 翻面，烤干鱼皮面，并在鱼肉面也刷上味淋。刷上味淋之后会有烟升起，产生熏烤效果。 3

**8** 接着烧色会变得越来越浓郁。再一次翻面，将鱼肉面贴近炭火烤干，然后在鱼皮面刷上味淋。味淋会像收汁时那样慢慢冒出泡泡，味淋烤干后翻面。 3

**9** 翻面之后继续烤干鱼皮面，并在鱼肉面再刷上味淋。 3

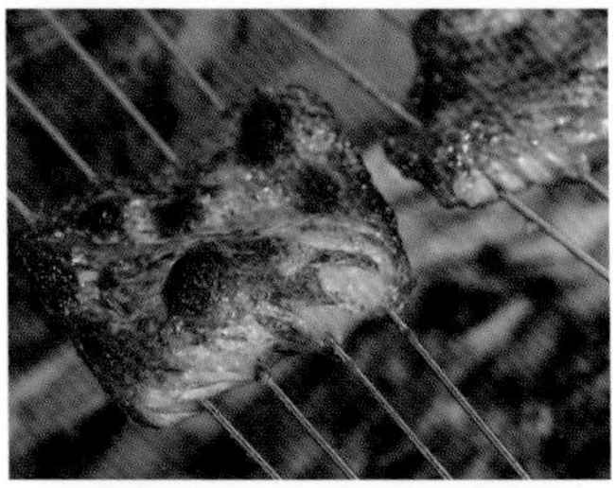

**10** 翻面烤鱼肉面。此时烧色变得更加浓郁，在烤焦之前移离炭火。 3

**11** 烤好的甘鲷。

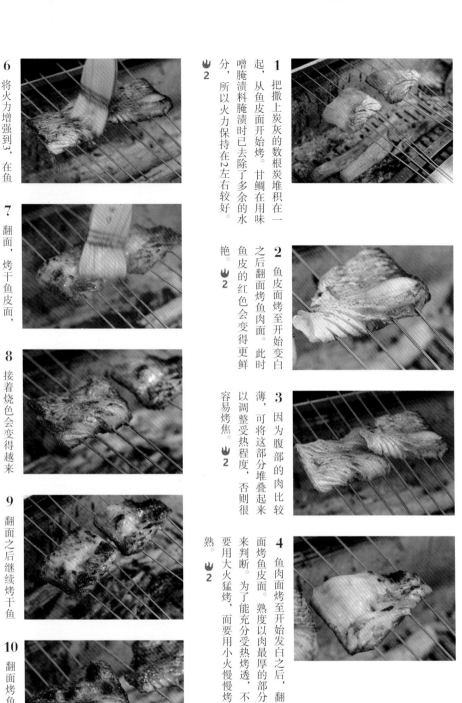

# 甘鲷 III

## 包松茸烤

撒盐→包卷→烤制→盖铝箔纸

○因为甘鲷的肉具有一定的厚度，所以要把鱼片再从中央向两边片开以便于包卷松茸。因为包卷松茸时鱼片会重叠起来变厚，所以盖上铝箔纸造成蒸烤的状态来使其熟透。

### ［分切、划刀口、左右对片*］

将甘鲷以三枚切（见22页）的方式处理后，在表皮划出细刀口，然后分切成一片约85g的鱼片。再从鱼片中央向左右两边分别片开，为了便于包卷，各处厚度要保持一致。撒盐，在常温下静置1小时。

*此处原日文为『観音開き』，指像收纳佛像的柜子的两扇门朝两边打开一般，从中间入刀，向左右两边分别片开而不切断。

### ［穿串］

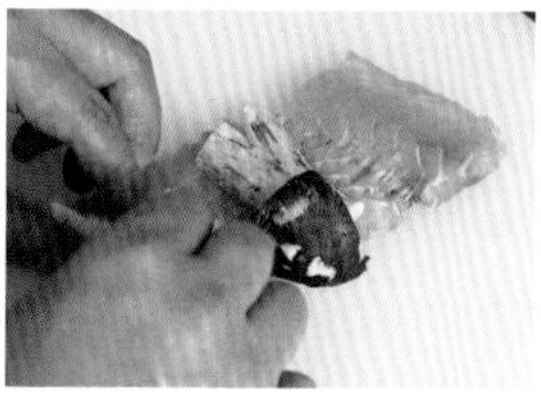

**1** 松茸纵向撕开，切成符合鱼片宽度的长度，然后用鱼片包卷松茸。

**2** 卷好的鱼片。

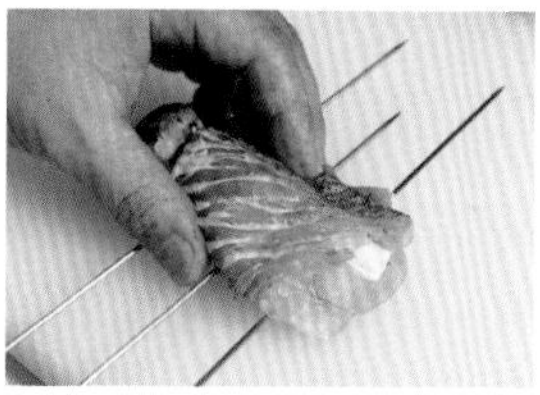

**3** 压住鱼片卷的开口边缘，穿入3根扦子。

**4** 背面。扦子牢固地按压住开口边缘，扎扎实实地穿过松茸。

松茸有嚼劲的绝妙口感是重点，
而火候的把握则是成败关键

【烤制】

**1** 将火力调整为3的小火。 3

**2** 从装盘时朝上的正面开始烤。火力保持在3。用小火慢慢烘烤，直至整体都变热。 3

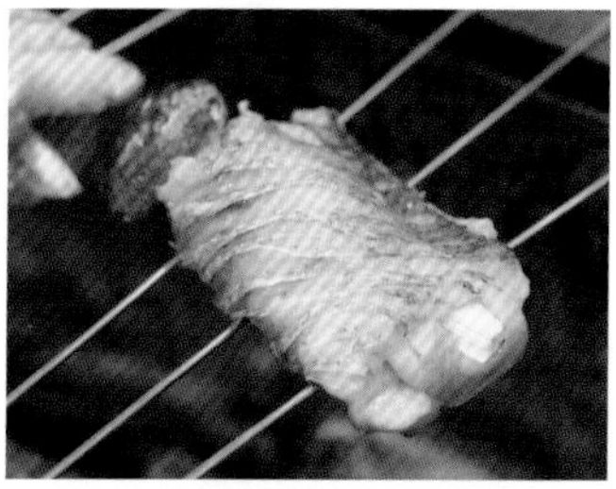

**3** 如图所示有少许油脂浮出之后，把火力提升到4，继续烤正面，直至油脂溢出。 4

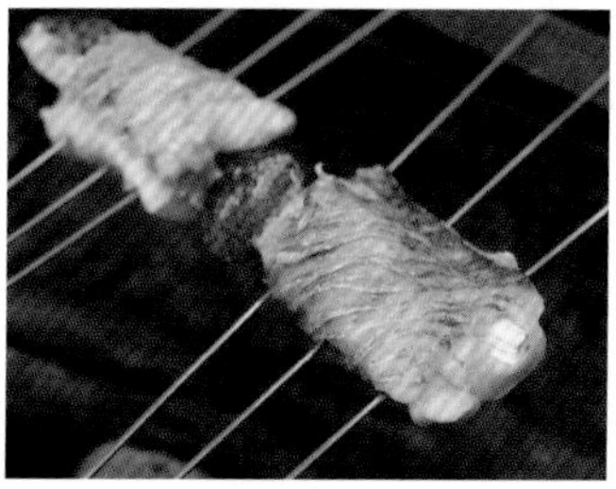

**4** 烤至开始出现烧色，且已经有3~4成熟时，翻面烤背面。一直烤至整体有6成熟。 4

**5** 有6成熟之后，将火力提升至5~6。 5~6

**6** 翻面继续烤正面。在烤串的前后都放上炭，这样侧面也能烤到。 5~6

**7** 马上盖上铝箔纸，将火力提升到6，造成蒸烤的状态。 6

**8** 翻面烤背面，重新在烤串的前后都放上炭，再盖上铝箔纸。 6

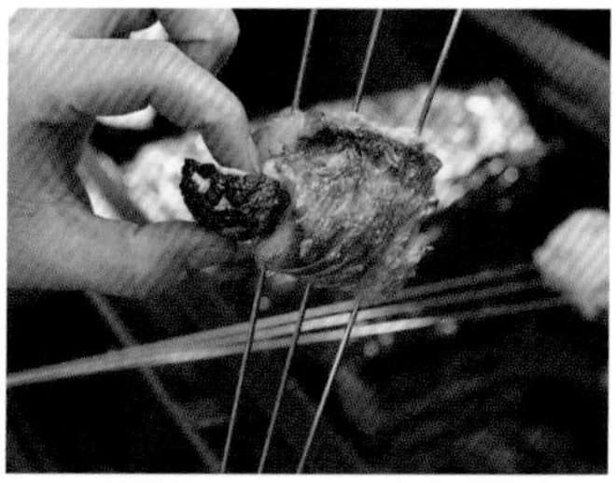

**9** 用手指捏按一下松茸，若是会慢慢扁凹下去，就说明已经基本熟了。 6

**10** 拿掉铝箔纸，可看到已均等地烤出看起来很香的焦黄烧痕。 6

**11** 烤好的甘鲷。左边是背面，右边是正面。

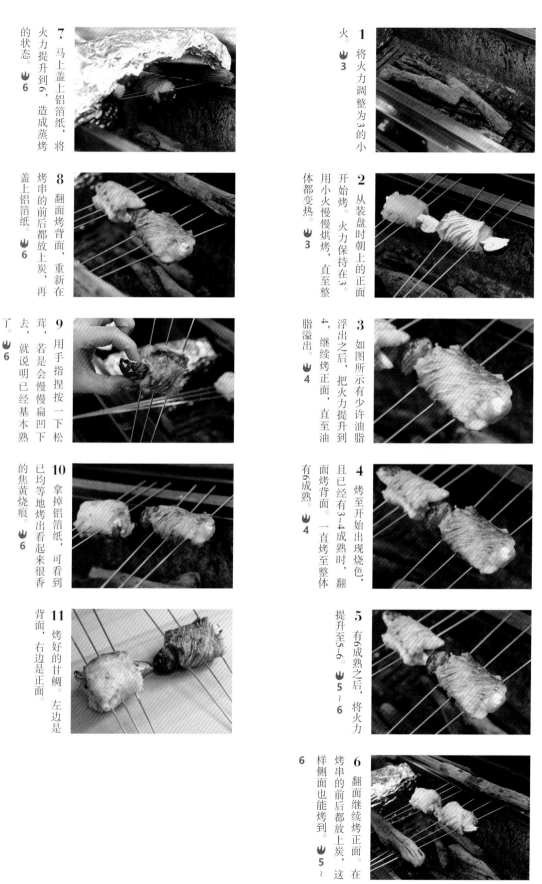

# 香鱼 I

## 香鱼仔盐烤

撒盐→准备烧烤台→烤制

○盐烤时可选用体长 15 cm 左右的较小的香鱼，其鱼胆的苦味与鱼肉的味道能达到完美的平衡。花时间用小火慢慢烤，烤至鱼肉热乎而松软、鱼头松脆而易咬。为了达到这样的效果，烤制途中用扦子使鱼口张开，让其内部积攒的水分完全蒸发。然后还有一个很关键的技巧，即利用铁棍垫高烧烤台的对侧，使其与近身侧形成高低落差，这样油脂就会流向头部制造出微炸的状态。鱼肉的熟度，以正面 6 成、背面 4 成的程度为最好。

○烤香鱼一定要使用活鱼，这是烤制成功的关键。活的香鱼在烤制时尾部会呈现跃动的姿态，整体造型会更鲜活好看，而且使用活鱼油脂才更易从体内溢出并滴落在炭上，从而散发出烟熏香气。另外，活的香鱼烤出来肉质也不会干巴巴的。这些优势，都是杀死后已经收缩的香鱼无法比拟的。

烤香鱼必须使用活鱼。

［穿串］

**1** 香鱼装盘时的背面朝上握于手中，从眼睛处刺入扦子。

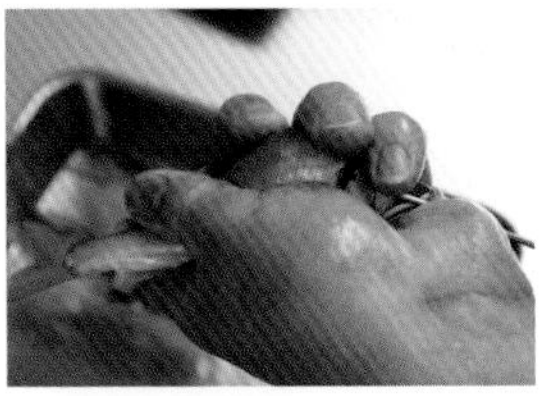

**2** 从黄色斑点处穿出扦子。

**3** 在大概拇指宽的间隔后再刺入扦子。此时的间隔决定了香鱼跃动的形态。间隔短一些会更好地弯折出优美的形态。扦子穿出时露出来的那面为装盘时的背面。

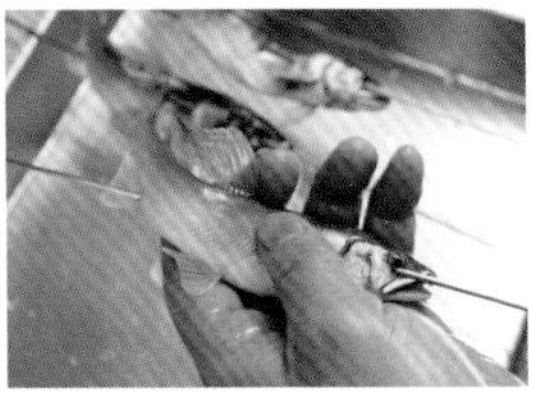

**4** 扦子在鱼体内从中骨下方穿过，在肛门稍上方一点的位置穿出，使香鱼的身体呈波浪状。注意不要让扦子穿出到正面。

**5** 将竹签横着插入背面的扦子之间，把几条香鱼并排固定好。然后从鱼嘴处灌入流动的清水冲洗血水。

**6** 用竹签并排固定好的香鱼烤串。

［撒盐］

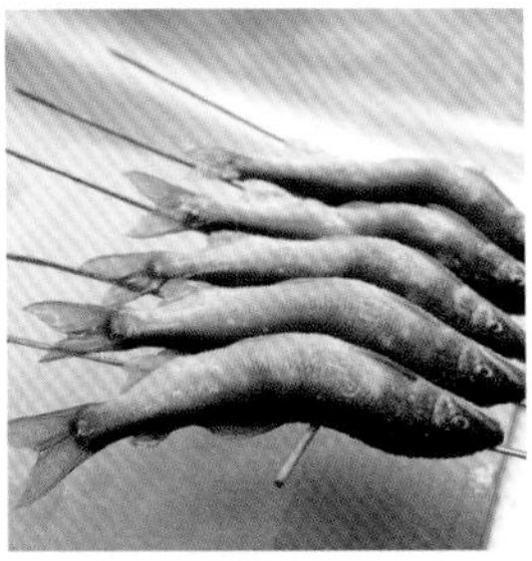

从上方较高处，分别向头尾两端撒盐。头部要撒多一些，尾部撒少量即可。

鱼胆的微苦让味道达到绝妙的平衡，
花些时间把香鱼从头到尾
都烤得酥脆可口

[准备烧烤台]

把炭堆积到烧烤台近身侧。首先把烧得通红的炭放在最下面。然后把温度稍低的炭堆积到烧烤台大概一半高度的位置。火力维持为2~3的小火。待烧烤台的外侧也充分变热之后，就可以开始烤制。

[烤制]

**1** 从装盘时朝下的背面开始烤。先使用事先准备好的放在烧烤台左端的通红的炭来烤，火力为8。一开始使用大火来烤，是为了能更好地烤出尾鳍跃动的姿态。 8

**2** 鱼肉开始收缩，这时尾鳍会短暂地下垂，但接下来又会渐渐上翘起来。 8

**3** 如果想要尾鳍变得更翘，可以将尾鳍根部的中骨向上弯折来造型。 8

**4** 尾鳍优美的姿态。 8

**5** 尾鳍的形状固定之后翻面，在事先准备的小火的位置烤正面。烤时将鱼头放在烧烤台近身侧的炭堆积处。 2~3

**6** 使用扦子打开香鱼的嘴部，让体内积攒的水分蒸发。减弱火力保持在小火1的状态。 1

**7** 在烧烤台的对侧堆叠2根铁棍以垫高，烧烤台近身侧就相对变低了。以这样的倾斜度来烤，油脂会往鱼头的方向流动且积聚，可以以微炸的状态来烤鱼头。另外，油脂滴落在近身侧的炭上，会有烟雾升起产生熏烤效果。 1

**8** 将炭移动到油脂滴落的位置。 1

**9** 翻面烤背面，火力提高为3~4。 3~4

**10** 待油脂再次在鱼头部分积聚时，翻面再烤正面。 3~4

**11** 从下方的空气口处用扇子扇风，热风会环绕香鱼并进一步逼出脂肪。 3~4

**12** 持续扇风后炭会燃耗而火力降低，所以要适当地添加更换烧得通红的炭，保持3~4的火力。 3~4

**13** 油脂滴完之后，把香鱼移动到烧烤台的对侧，再继续烤。 3~4

**14** 翻面数次，花时间慢慢烤。烤至正面6成熟左右、背面4成熟左右。 3~4

**15** 转动一下扦子，将香鱼朝烧烤台近身侧移动一点。 3~4

**16** 多花些时间烤，直至鱼头看起来脆脆的好像要掉落的样子。 3~4

**17** 为了使鱼头呈现烧色，把炭堆积在烧烤台近身侧，将香鱼移动到这里使头部贴近炭火。 3~4

**18** 进入烤制的最后阶段，将火力提升到5以烤上烧色。背面烤出如图所示程度的烧色。正面也慢慢烤至呈现更浓郁的烧色。 5

**19** 最后将上一次烤香鱼时用的竹签（已经渗透了香鱼的油脂与香味）扔入炭火中烧，此时会立即有烟雾升起，可为鱼肉增添烟熏香气。 5

**20** 烤好的香鱼。

# 香鱼Ⅱ

## 风干

风干→烤制

○香鱼开背，稍微撒盐，然后在通风良好的有阳光处风干半日。要用较小的火慢慢烤，烤至从头到尾都可以吃。

○最后涂上清爽且有些许苦味的香鱼肝酱，也很美味。

［开背］

**1** 从背部入刀，沿着中骨上方剖开鱼身。

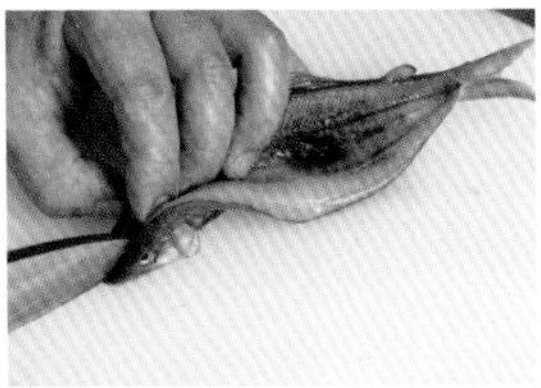

**2** 鱼头也对半剖开。

［风干］

**1** 在撒过盐的铁盘内摆上香鱼，再撒一次盐，放入冰箱冷藏室中静置1小时。

**2** 用清酒洗掉盐，放在竹篾上，在通风良好的有阳光处风干半日。

**3** 风干好的香鱼。

［穿串］

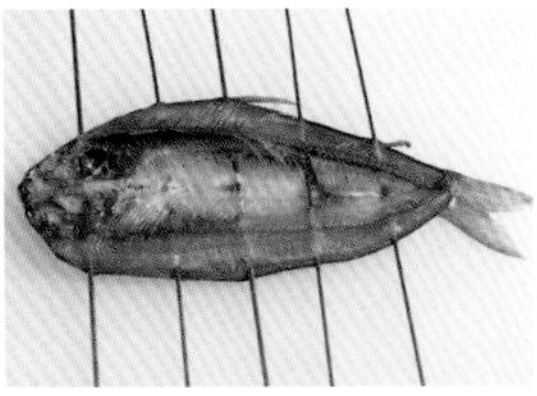

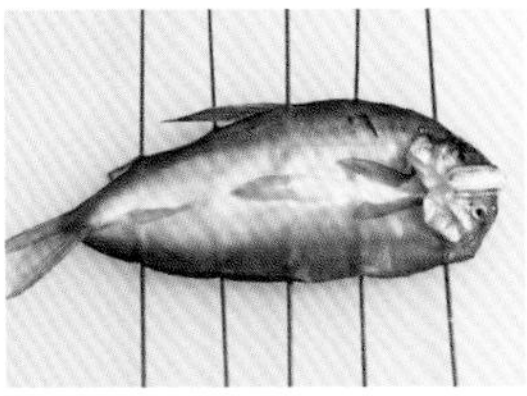

为避免在烤制时香鱼移动，每条香鱼用5根细扦来穿串。

像煎饼一样
烤得焦香酥脆的鱼头也很美味。
要用较小的火慢慢烤

## ［烤制］

**1** 将火力调整至小火3，从鱼皮面开始烤。(火) 3

**2** 水分一点点蒸发出来。(火) 3

**3** 鱼皮面烤至开始有些发黄之后，翻面烤鱼肉面。(火) 3

**4** 鱼肉面烤至如图所示的程度之后，翻面烤鱼皮面。将火力提高到4。(火) 4

**5** 烤至鱼皮面呈现看起来很香的焦黄的烧色，翻面烤鱼肉面，将火力提高到5以烤上烧色。(火) 5

**6** 烤至鱼肉面呈现看起来很香的焦黄的烧色之后，再次翻面烤鱼皮面。(火) 5

**7** 烤好的香鱼干。左边是鱼皮面，右边是鱼肉面。

# 鲍鱼

**肝酱烤**

烤制→淋酱烤制→烘干

○一边烤一边淋上用鲍鱼肝做成的浓厚肝酱。为了让肝酱附着在鲍鱼表面，先将鲍鱼表面炙烤一下使其变干，再淋上肝酱。肝酱的水分含量比较高，所以无须害怕会烤焦，用大火烤使肝酱水分蒸发而变得越来越浓稠，从而更好地附着在鲍鱼表面。

○烤好之后削些日本柚子的皮，放在鲍鱼上。

**[肝酱]**

鲍鱼肝　100 g
蛋黄　2个
煮过的清酒　20 mL
浓口酱油　10 mL

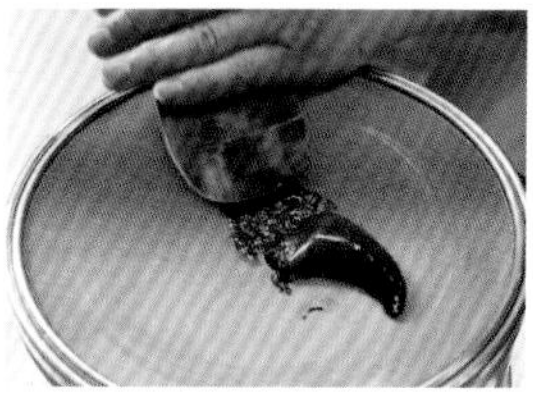

**1** 鲍鱼肝清理之后，在滤网上用木铲碾压成泥并过滤至碗中。

**2** 加入蛋黄、煮过的清酒、浓口酱油调整味道。

**3** 做好的肝酱。

**[划刀口]**

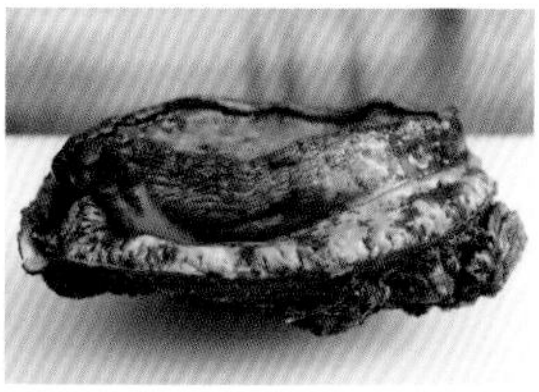

**1** 使用雄鲍鱼。日本德岛产，带壳为500 g，剥壳之后净肉有265 g、肝脏有100 g。肝脏用于制作肝酱。

**2** 在鲍鱼的背面（贝柱一侧）斜着划出较深的刀口。入刀深度约为鲍鱼整体厚度的1/3，贝柱的部分下刀要更深一些。

**3** 正面（上侧）也同样斜着划出刀口。

**[穿串]**

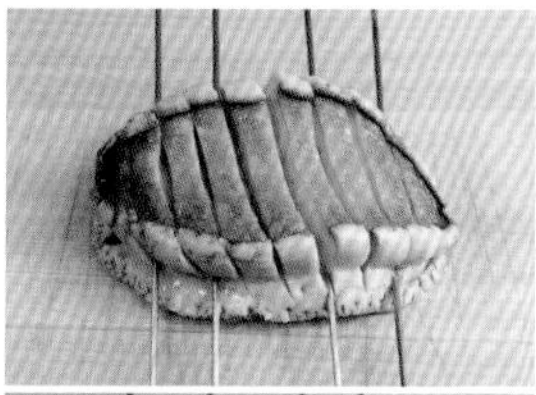

在肉一半厚度的位置刺入粗扦。一共穿4根粗扦。

## [烤制]

1 将火力调整到6，从鲍鱼的正面开始烤。 6

2 烤至正面变干且稍微有些变熟的时候，翻面烤背面。 6

3 背面烤干之后，在两面都淋上大量的肝酱。

4 将火力提高到大火8，从正面开始烤。烤制同时在背面数次淋上肝酱。 8

5 正面烤干之后翻面烤背面。烤制同时在正面也数次淋上肝酱。 8

6 烤干之后翻面烤正面。继续在背面淋上肝酱。 8

7 烤到这个阶段，肝酱会很快被烤干，烤干后要及时地翻面且再淋上肝酱。如果有火焰燃起，就在炭上覆盖炭灰。 8

8 这之后再重复翻面、淋肝酱的操作6~7次，肝酱水分蒸发而变得更浓稠，就会紧紧地附着在鲍鱼表面。 8

9 最后烤干表面之后就完成了。 8

10 烤好的鲍鱼。

水分蒸发掉的浓厚肝酱

凝缩了美味的精华，

鲍鱼烤得肉质柔软而富有弹力

# 伊佐木鱼

**芝麻盐烤**

撒盐→烤制→撒芝麻（第1次）→烤制→撒芝麻（第2次）→烤制→撒芝麻（第3次）→烤制

○用盐调味的伊佐木鱼，再撒上炒芝麻来增加香味及口感的变化。待油脂从表皮的细刀口处慢慢溢出之后，分3次撒上炒芝麻。

○溢出的油脂使炒芝麻呈现微炸的状态，迸发出的芝麻香气不仅会为伊佐木鱼增添焦香风味，还会产生颗粒饱满的口感。

○分3次撒炒芝麻，可以让芝麻的烧色产生渐变的美感。这里使用一条500g的伊佐木鱼。

［分切、划刀口］

**1** 以三枚切（见22页）的方式处理好。

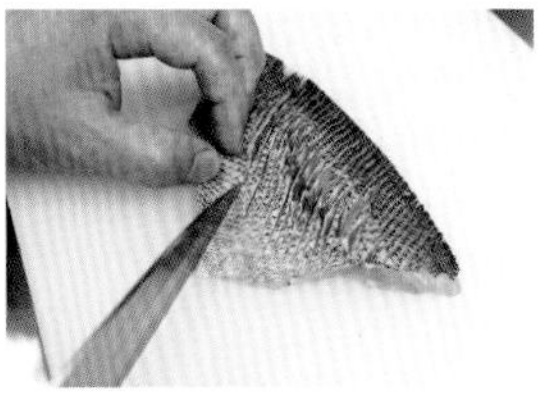

**2** 为了让油脂容易滴落，在整面鱼皮上都斜着划出细刀口。

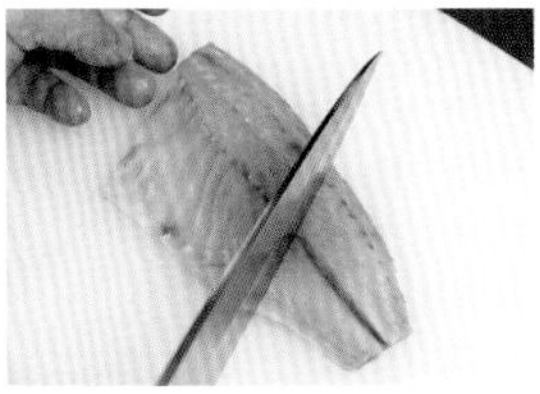

**3** 分切成一片80g的鱼片。烤制时适合选用靠近鱼头的部分。

［撒盐］

铁盘内撒上薄薄一层盐，然后鱼皮面朝下摆上鱼片。再从上方撒盐，让鱼片整体都裹上盐。在常温下静置1小时。

［穿串］

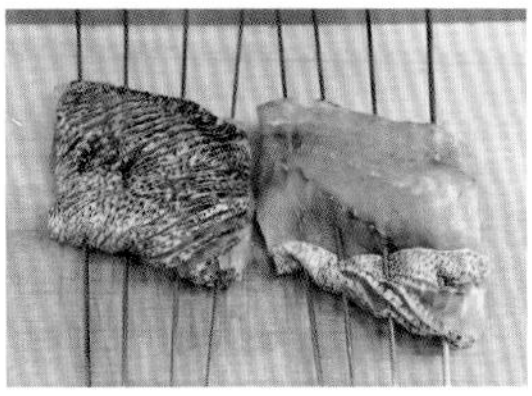

腹部肉薄的部分重叠折起，从鱼皮面开始刺入扦子，像缝衣服一样穿过去，再从鱼皮面刺穿出来。根据切好的鱼片大小，适当调整扦子的数量。如图所示这样大小的鱼片，使用4根中粗扦来穿串。

微炸状态的芝麻与鱼肉融为一体，
产生了焦香的味道
和颗粒饱满的口感

## [烤制]

**1** 将火力调整到小火3，从鱼皮面开始烤。慢慢烤至油脂溢出。 3

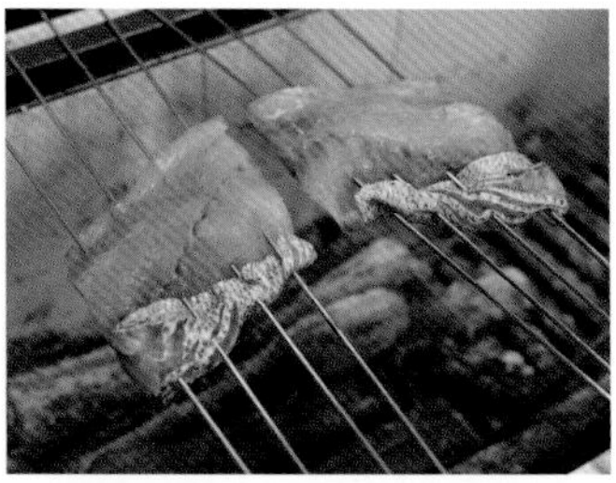

**2** 油脂溢出到某种程度之后，翻面烤鱼肉面。这个阶段鱼皮面大约已有2成熟了。 3

**3** 将炒芝麻撒在鱼皮面溢出的油脂上。 3

**4** 鱼肉面大约有2成熟了之后，翻面烤鱼皮面。 3

**5** 堆积起烧得通红的炭，把火力提高到5。 5

**6** 鱼皮面再次有油脂开始浮出时翻面，趁油脂慢慢溢出时第2次撒炒芝麻。如果鱼皮表面太干，芝麻就无法附着上去。 5

**7** 翻面烤鱼皮面。翻面之后，将火力提升到5~6。 5~6

**8** 芝麻烤出看起来很美味的色泽之后翻面。油脂慢慢溢出时，第3次撒炒芝麻。 5~6

**9** 进入最后的烤制阶段。将火力提升到7。 7

**10** 把鱼肉面烤出如图所示看起来很美味的烧色之后，翻面继续烤鱼皮面。芝麻会发出噼里啪啦的爆裂声。用扇子扇风来增强火力。 7

**11** 烤制完成。

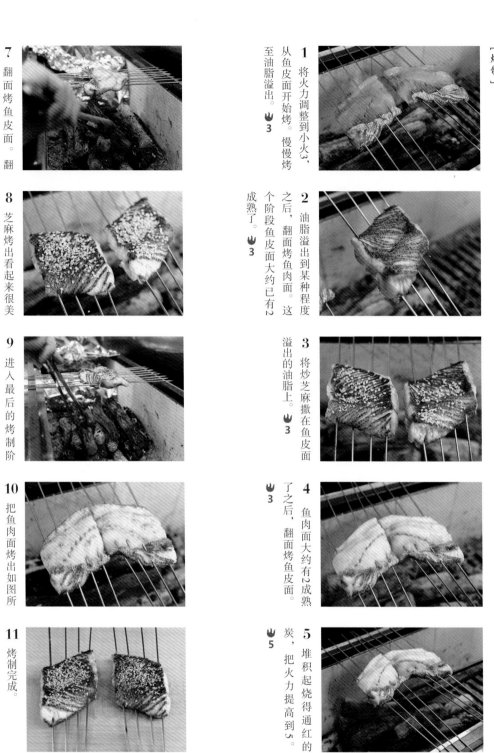

# 伊势龙虾

## 云丹烧（海胆酱烤）

**烤制→裹海胆糊面衣→烤干**

○伊势龙虾的鲜度会快速降低，所以通常放在木屑等物中，以保持鲜活的状态上市。用于活造*等料理的时候，应确保触角和脚完整无损，且壳保持着漂亮的颜色。

○用作烤物时，最好当天杀剖当天使用。若采用云丹烧（海胆酱烤），适合选用去壳后约80g的伊势龙虾。

○首先不裹面衣将伊势龙虾烤一下，再裹上海胆糊面衣，用大火烤干面衣的同时，龙虾肉也就熟了。海胆糊的热量会温和地传到龙虾肉的内部。烤至龙虾中心还留有约3成生就可以了。

○海胆糊面衣也留有小部分为生的状态就烤好了。

*活造，指将活的海鲜类食材整体做成刺身的日本料理形式。

**[海胆糊面衣]**（3只的分量）

蛋黄　2个

生海胆（去壳）　150g

**1** 生海胆和蛋黄混合，用勺子等的背面将其碾压顺滑。

**2** 因为想让海胆糊面衣裹住伊势龙虾，所以面衣须有一定的顺滑度和浓稠度，但也要保留些许海胆的质感。

**[撒盐]**

**1** 铁盘内撒上薄薄一层盐，将伊势龙虾背部朝上摆在铁盘内，再从上方撒上一层盐，其量要比铁盘内的盐量稍多一些。盐会从上向下渗透入味，所以上面盐要多一些。另外，若腹部朝上摆放，则弧形的背部就会有沾不到盐的地方。静置5分钟，使盐渗透入味。

**2** 静置5分钟后，如图所示，盐会溶化渗入虾肉内。

**[穿串]**

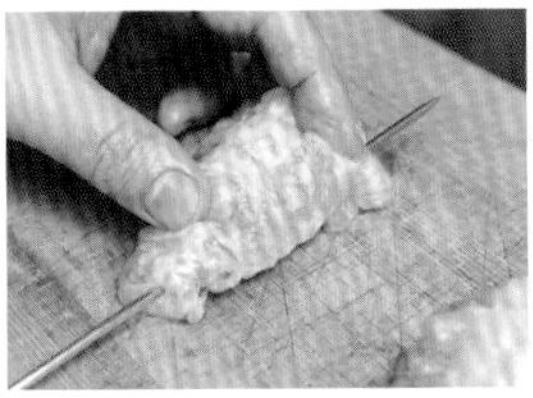

**1** 先穿右侧，扦子从尾部（小端）开始向头部（大端）方向，在虾肉大致一半高度的位置穿过去。要小心不要穿破虾肉，慢慢地刺穿过去。

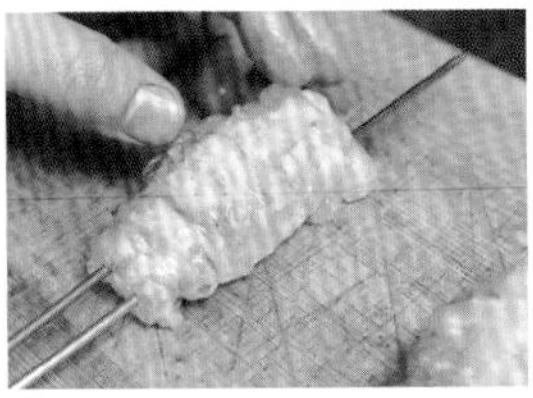

**2** 左侧以同样方法再穿上一根扦子，然后调整形状。

**3** 穿好扦子的伊势龙虾。

**[烤制]**

**1** 从伊势龙虾的背部面开始，用大火10来烤。把烧得通红的炭堆积得高一些，以靠近伊势龙虾来提高温度。10

**2** 像土佐烧（见90页）手法中炙烤表面的做法一样，烤至表面快速变白后即翻面，烤腹部面。10

**3** 两面都变白之后，整体裹上海胆糊面衣。

**4** 从背部面开始，用大火10来烤干海胆糊面衣。10

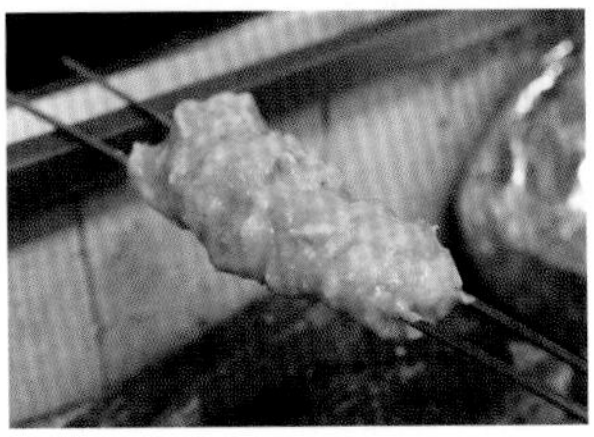

**5** 烤干之后翻面，腹部面的海胆糊面衣也用大火10来烤干。10

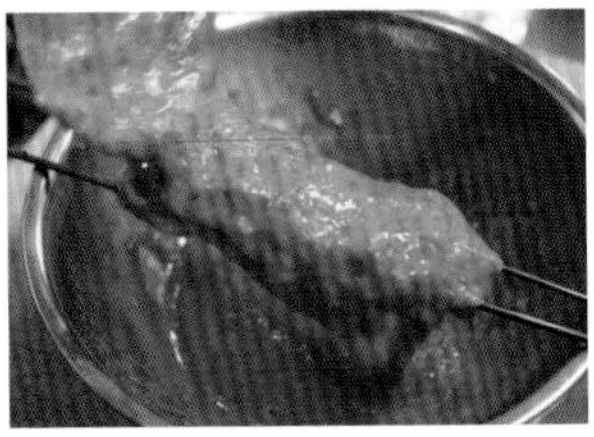

**6** 再次整体裹上海胆糊面衣。继续分别烤干背部面、腹部面的面衣，再第3次整体裹上海胆糊面衣。同样地再次烤干背部面、腹部面的海胆糊面衣。10

**7** 将火力调整到大火7，然后从上方在背部面浇上海胆糊面衣。翻面烤干后，在腹部面也同样浇上海胆糊面衣。7

**8** 进入最后的烤制阶段。为了避免洒落，一边慢慢地转动扦子，一边小心地在背部面浇上海胆糊面衣，然后烤干。7

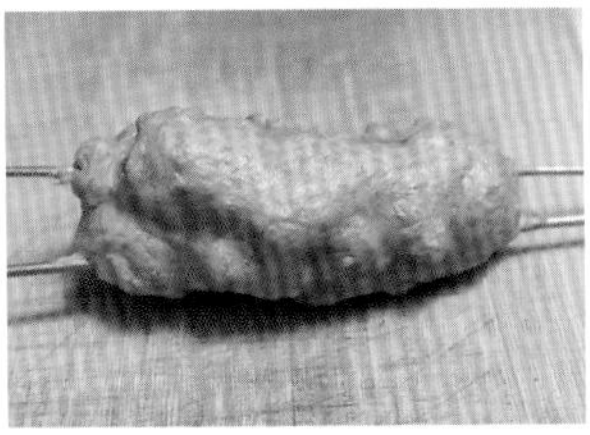

**9** 烤制完成。将扦子转动着拔出。

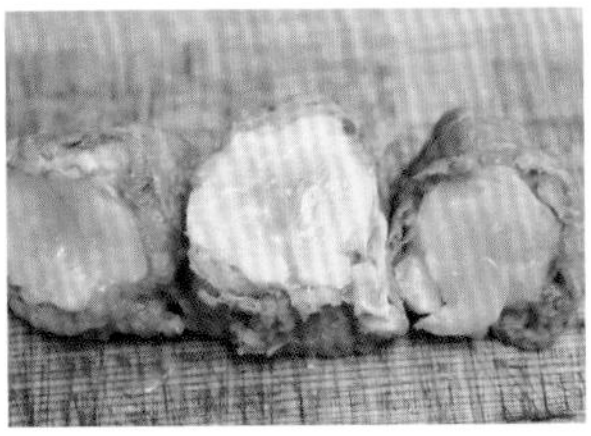

**10** 切开后中心部分仍呈生的状态。海胆糊面衣分数次裹了好几层，所以也还有部分呈生的状态。

被厚厚的海胆糊包裹着，
伊势龙虾有着弹牙的口感与甜美的滋味

# 鳗鱼Ⅰ

**蒲烧**

**烤制→表皮刺洞→烤制→刷酱烤制→烤干**

○鳗鱼是『银座小十』店内每年6月到10月都会登场的特别菜品。成就美味的首要一步是，进货时选择大的鳗鱼。特别是7月到8月的鳗鱼，皮薄、肉厚、富含脂肪而非常美味。进货之后要放3日左右，让脂肪稳定后再使用。

○在这里介绍白烧和蒲烧两种做法，都能烤出皮酥脆、肉松软的鳗鱼。烤制时鳗鱼肉会从划出的细刀口处开始膨胀，可变为加热前的约两倍厚。

○为了去除河鱼特有的腥味，关键是要充分去除皮和肉之间的脂肪。

**［开背］**

图中为开背之后的鳗鱼。这次使用了一条日本琵琶湖产的2 kg的鳗鱼。这样大小的鳗鱼进货后要放3日左右，好让脂肪稳定下来。若是1 kg左右的鳗鱼，开背之后要放2~3日。大概大部分人觉得头部附近部位的脂肪会比较多，但其实这里的脂肪比较少，而且肉质比其他部分要硬。适于烧烤的是靠近尾部那一半的部位，这里的肉比较厚，味道和肉质也比较稳定。

**［分切、划刀口］**

**1** 一条鳗鱼切成3等份。

**2** 从鱼肉上残余的鱼骨的两侧入刀，切掉鱼骨。

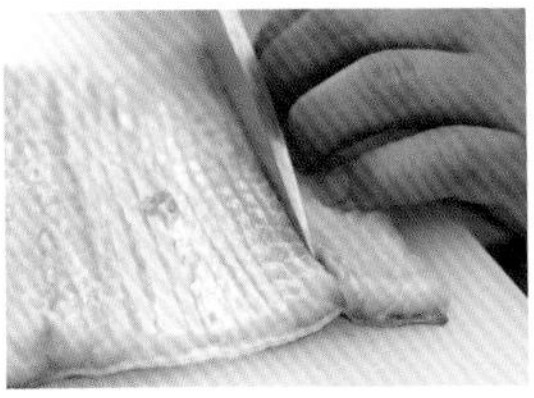

**3** 纵向划出细刀口。入刀深至接近鱼皮的位置。

**4** 用刀的尖端在鱼皮上刺出小洞。这些小洞就是逼出脂肪的通道。

**［穿串］**

**1** 在鱼皮稍微向上一点的位置穿入扦子。

**2** 穿入右侧1根、左侧1根、中间2根共4根扦子。

**3** 不要让扦子穿透表皮。

肉较厚实的鳗鱼，
不蒸直接烤的关西风格烤法带来特有的口感。
皮焦香酥脆，肉丰厚松软。
美味的油脂和酱汁完美融合

○蒲烧使用的是鳗鱼腹部后段的部位，这里富含脂肪。

○美味的关键是，让鳗鱼溢出的油脂滴回酱汁中后再继续刷酱汁。油脂与酱汁融合，会更容易入味。所刷的酱汁参见16页『鳗鱼酱汁』。

○一开始主要是在鱼肉面边刷酱汁边烤，但待酱汁渗入肉中后，则两面都要均匀地刷上酱汁来烤。重点是要烤至表皮酥脆、肉质松软的状态。

［烤制］

**1** 将火力调整到4。 4

**2** 从鱼皮面开始烤制。 4

**3** 鱼皮表面的黏液被火烤干，且鱼皮颜色发白后，翻面烤鱼肉面。用扦子在鱼皮上再多扎一些小孔，作为逼出脂肪的通道。 4

**4** 鱼肉开始膨胀鼓起且发白之后，翻面烤鱼皮面。将火力降低至3。 3

**5** 鱼皮面烤出如图所示程度的烧色之后，翻面烤鱼肉面。将火力提升到5。 5

**6** 鱼肉面开始烤上烧色且适当逼出脂肪时，翻面在鱼肉面用刷子刷上鳗鱼酱汁。若未先适当逼出脂肪，酱汁就会难以附着在表面上。 5

**7** 让酱汁和溢出的油脂一起滴回容器中。酱汁中混合油脂，会更容易入味。将混合后的酱汁刷到鱼肉面上后再滴回容器中，这样的操作重复3次左右。 5

**8** 烤至如图所示酱汁渗入肉中的程度后，开始烤鱼皮面。 5

**9** 鱼皮面烤至呈现适当的烧色之后，翻面烤鱼肉面。火力保持在5。若用超过5的火力，可能会烤焦。 5

**10** 鱼肉面烤出如图所示程度的烧色后，翻面烤鱼皮面。 5

**11** 重复数次刷上酱汁再滴回容器中的操作，炙烤鱼肉面。烤至如图所示酱汁渗入肉中的程度后，烤鱼皮面。 5

**12** 开始在鱼皮面进行刷上酱汁再让酱汁滴回容器中的操作。之前的烤制都以鱼肉面为主，自此开始鱼皮面和鱼肉面要均等地受热烤制。 5

**13** 翻面，再次在鱼肉面进行刷上酱汁再让酱汁滴回容器中的操作。 5

**14** 翻面，在鱼皮面刷上酱汁（第2次），酱汁干后重复再刷。鱼肉面、鱼皮面分别再刷一次酱汁。至此鱼皮面已经充分吸收酱汁。 5

**15** 鱼肉面也重复刷上酱汁直至充分吸收酱汁。为防止酱汁烤焦，将鳗鱼串移动到烤炉一端，刷上酱汁后再移回炭火上。 5

**16** 进入最后的烤制阶段。充分烤上烧色之后，再继续将鱼皮面、鱼肉面的酱汁烤干。 5

**17** 烤好的鳗鱼。皮焦脆，肉松软。

# 鳗鱼Ⅱ

白烧

烤制→表皮刺洞→烤制

○若使用的鳗鱼体型更大，则要用比做法说明中更弱一些的火力开始烤。火力的大小还会根据部位及脂肪分布的不同而有所差异。这里使用靠近头部的脂肪相对较少的部位，但若是使用腹部后段富含脂肪的部位，则用更弱一些的火力开始烤比较好。

○鳗鱼皮和肉之间的脂肪有着河鱼特有的腥味，所以快速烤一下鱼皮之后，用扦子刺出数个小孔，再充分烤鱼皮面让油脂从小孔中流出。鱼皮要烤得酥脆而焦香。

※开背，分切，划刀口，以及穿串的工序，可参照蒲烧的操作（见84页）。

划了细刀口的鱼片，经过炭火的烤制，像花朵一般绽开

## 〔烤制〕

**1** 将火力调整至小火3，从鱼皮面开始烤。 3

**2** 鱼皮表面的黏液被烤干且鱼皮颜色发白后，用扦子在鱼皮上多扎一些小孔，作为逼出脂肪的通道。 3

**3** 扎好小孔后，将火力提升至4，烤鱼肉面。 4

**4** 油脂开始从鱼肉面上的细刀口处滴落到炭上并产生烟雾。可以看到，受热后鱼肉就膨胀起来。 4

**5** 油脂会不断地滴落到炭上并产生烟雾。 4

**6** 鱼肉面稍稍烤出烧色之后，翻面烤鱼皮面。将火力提升至5。 5

**7** 鱼皮面也渐渐烤出少许烧色，不翻面继续烤鱼皮面。 5

**8** 鱼皮面烤出如图所示程度的烧色之后，翻面烤鱼肉面。 5

**9** 鱼肉面烤出如图所示程度的烧色之后，翻面烤鱼皮面。 5

**10** 鱼皮面逐渐烤出浓郁烧色之后，再继续烤以充分去除皮和肉之间带着河鱼特有腥味的脂肪。根据情况更换或添加炭，让火力保持在5。 5

**11** 鱼皮面烤出如图所示程度的烧色之后，翻面烤鱼肉面，进入最后的烤制阶段。这时要侧重于调整烧色斑驳处，使整体呈现烧色均匀的状态。 5

**12** 烤好的鳗鱼。

# 鲣鱼

## 土佐烧*

**稻草熏烤（铝箔纸）→火焰炙烤**

○这里介绍用稻草熏烤的鲣鱼土佐烧（鲣鱼半敲烧）。稻草熏烤能带来与一般炭火烤不同的香气，为食物增添别样的风味。

○鲣鱼烤过之后再熏的话，会较难吸收烟熏香气，而且很难烤得恰到好处，所以采用先熏烤再火焰炙烤的顺序，来做鲣鱼土佐烧。

○鲣鱼土佐烧很适合与芥子酱油搭配食用。

*土佐烧指日本传统料理手法『たたき（土佐造り）』，一般以鲣鱼为食材，多利用稻草来产生烟雾及燃起火焰，熏烤及炙烤食材表面，而让食材内部仍保持较鲜嫩的状态。

**［分切］**

图中所示为以五枚切*的方式处理好的鲣鱼鱼身片，已去除暗红色血肉。下方是腹部切片，上方是背部切片。也可在原中骨位置留下少许暗红色血肉，也十分美味。

**［划刀口］**

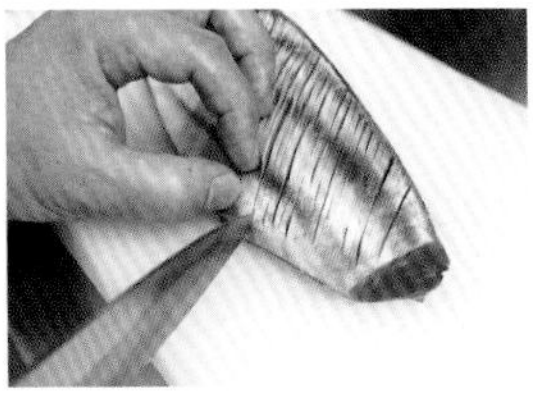

因为接近鱼皮的部分有脂肪，所以在整面鱼皮上斜着划出较浅的细刀口。烤制时有油脂溢出之后，在油脂的作用下鱼皮会像炸过一样酥脆。

*五枚切（五枚下ろし，五枚卸し），指将以三枚切（见22页）方式处理后得到的2枚鱼身片，每枚再分切为腹部和背部两部分，即最终分切为4枚鱼身片和1枚鱼骨片共5枚切片。

**［穿串］**

**1** 腹部切片从鱼皮处刺入扦子，再在鱼皮处刺穿出来。因为鱼肉比较容易破碎，所以在鱼皮处支撑起来。

**2** 首先在右端和左端各穿入1根粗扦。中间穿4根中粗扦。4 kg的鲣鱼的腹部切片，大概穿6根扦子比较适当。

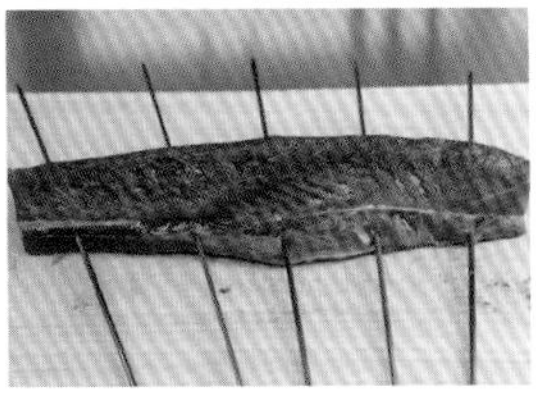

**3** 有些厚度的背部切片，在鱼皮稍微向上一些的位置穿入粗扦。大概穿5根粗扦。

烟袅袅升起，
稻草的香气如调味料般，
为鲣鱼增添个性鲜明的质朴风味

［烤制］

**1** 将方铁罐放到煤气灶台上，直立着放入稻草。然后放入烧得通红的炭。旁边备足添加用的稻草。

**2** 冒出烟之后，开始熏烤鱼皮面。

**3** 盖上铝箔纸，不让烟雾散出来。

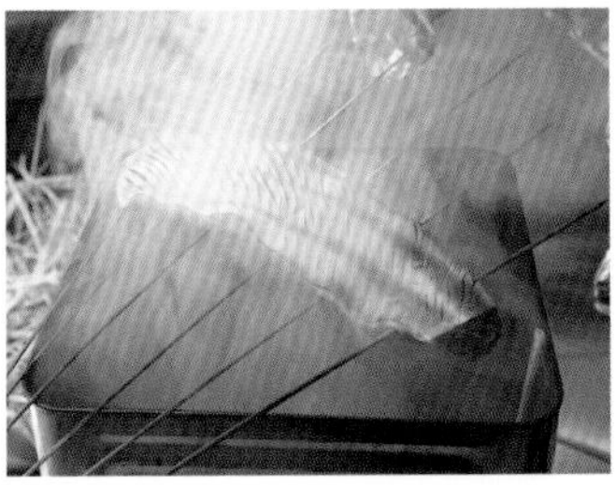

**4** 鱼皮面开始有油脂溢出且颜色发黄之后翻面，再用铝箔纸盖住熏烤鱼肉面。视情况熏烤3分钟左右。

**5** 拿掉铝箔纸，会有火焰燃起近距离炙烤鲣鱼。首先从鱼皮面开始炙烤。

**6** 接下来炙烤鱼肉面。一边补充稻草，一边让火焰保持燃烧状态。

**7** 烤好的腹部切片。

**8** 烤好的背部切片。

# 梭子鱼 I

**芝麻盐烤**

撒盐→烤制→撒芝麻（第1次）→烤制→撒芝麻（第2次）→烤制→撒芝麻（第3次）→烤制

○因为梭子鱼体型小而细长，所以三枚切（见22页）处理后一枚鱼身片大致就是一人份的量。穿串时将鱼身片两端折起（两褄折），从尾部向着头部的方向穿过去。

○因为是富含脂肪的鱼，所以容易引起火焰，为避免沾染上烟灰的味道，必须在炭上覆盖炭灰以防止火焰燃起。这里使用一条400g左右的梭子鱼。

［分切、划刀口］

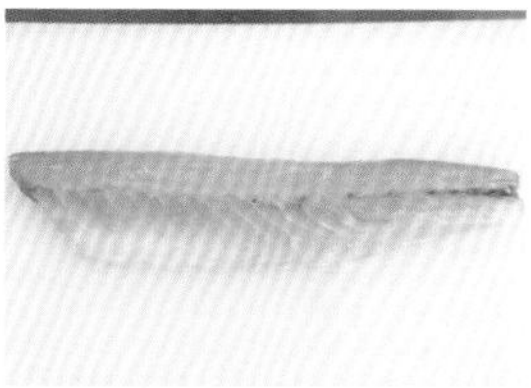

**1** 图中所示为以三枚切（见22页）的方式处理好的梭子鱼鱼身片。一枚鱼身片重100g左右。

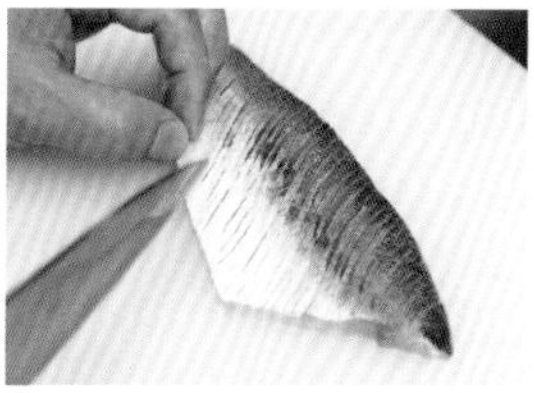

**2** 为使油脂更易溢出，在整面鱼皮上划出细刀口。

［撒盐］

铁盘内撒上薄薄一层盐，鱼皮面朝下摆上梭子鱼。再从上方撒上薄薄一层盐，在常温下静置1小时。

［穿串］

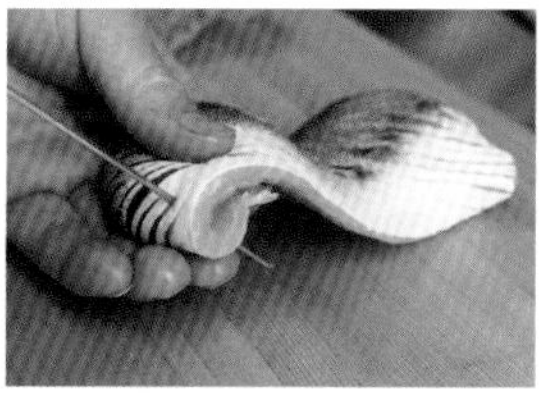

**1** 尾部端折起来，从鱼皮面刺入扦子。

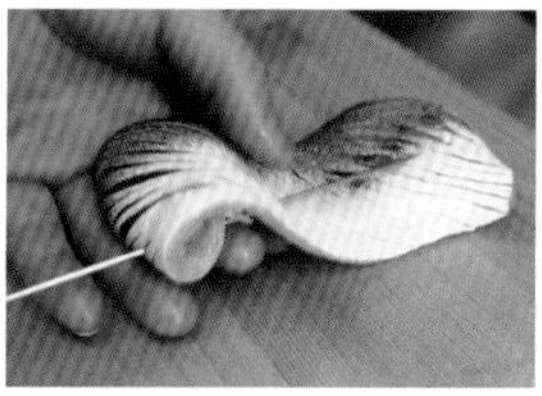

**2** 扦子从折起的部分穿过，再向上从鱼皮面刺出，固定好鱼肉。

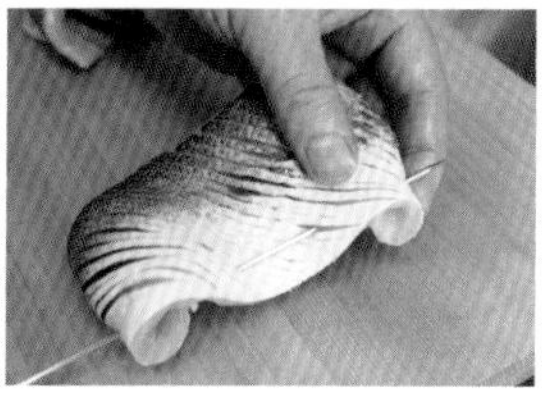

**3** 另一端也折起来，扦子从鱼皮面刺出后即压着折起部分刺穿过去。

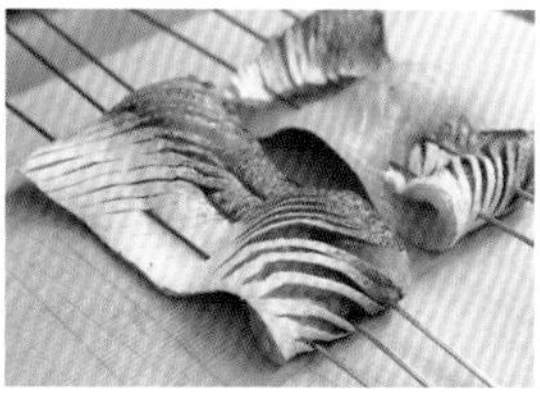

**4** 以同样的方法穿入剩下的2根扦子。穿好后鱼身片呈波浪起伏状。

## [烤制]

**1** 将火力调整到3，从鱼皮面开始烤。 3

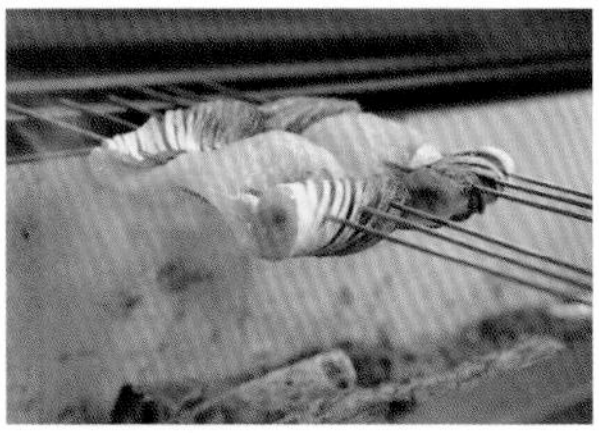

**2** 因为富含脂肪，所以很快油脂会滴落下来并产生烟雾。若滴落的油脂过多，则要在炭上盖灰以防止火焰燃起。 3

**3** 烤至表面发白且有油脂开始浮出时即可翻面，趁表皮慢慢溢出油脂时撒上炒芝麻。这个阶段鱼皮面大约已有2成熟。 3

**4** 鱼肉面也烤至大约2成熟。 3

**5** 翻面，烤鱼皮面。将火力提升至5。在烧得通红的炭上再放上覆有灰的炭，防止火焰燃起。 5

**6** 依次将烤串翻面，趁油脂慢慢溢出时第2次撒上炒芝麻。 5

**7** 继续烤鱼肉面。 5

**8** 鱼肉面烤出如图所示程度的少许焦黄烧痕之后翻面，烤鱼皮面。 5

**9** 为了把鱼皮烤得酥脆，中途把火力提升至6。 6

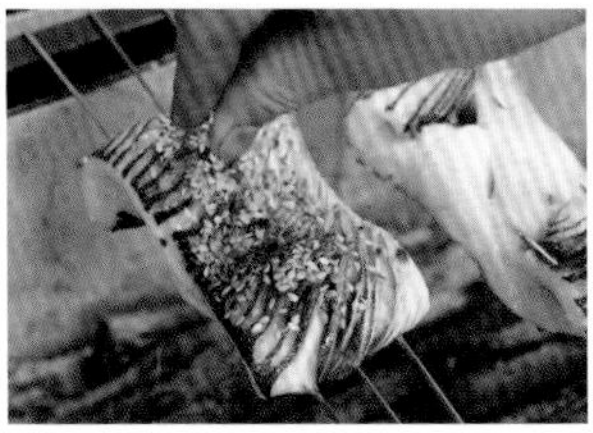

**10** 第1次撒的炒芝麻变成茶色之后，依次将烤串翻面，在油脂烤干之前第3次撒上炒芝麻。 6

**11** 继续烤鱼肉面。 6

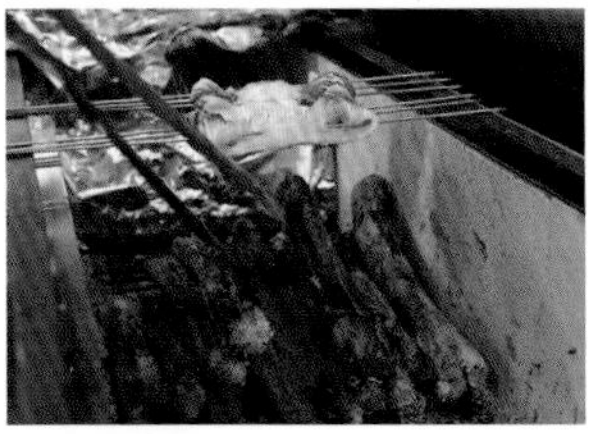

**12** 将火力提升到7，翻面烤鱼皮面，进入最后的烤制阶段。用扇子扇风增强火力。 7

**13** 烤出如图所示程度的烧色，就算是烤好了。 7

**14** 烤好的梭子鱼。

利用从鱼皮溢出的
滚烫的油脂，
炙烤出芝麻特有的焦香

# 梭子鱼Ⅱ

## 包松茸烤

撒盐→烤制→盖上铝箔纸→烤制

○用梭子鱼片把松茸包裹卷起后蒸烤而得。包卷重叠后的梭子鱼片较难烤熟，所以要先用小火慢慢地烤。在最后的烤制阶段中，盖上铝箔纸，让鱼肉充分熟透。松茸过硬会很难吃，但若加热过头则会损失香味和爽脆的口感，所以火候的控制是关键。

○因为用梭子鱼片来包卷，松茸的精华会渗入鱼肉中，梭子鱼的脂肪和香味也会与松茸融合，达到相辅相成的效果。

○分切、划刀口，以及撒盐的工序，可参照芝麻盐烤（见93页）的操作。这里使用一片大约80 g的梭子鱼片。

［穿串］

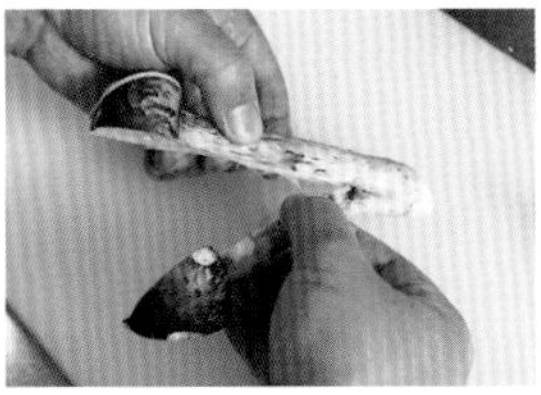

**1** 在松茸伞部切一刀，然后用手纵向撕成两半。每半再撕成2等份或3等份。

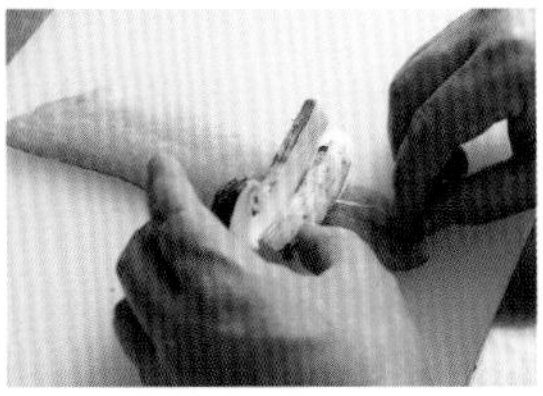

**2** 在梭子鱼片上，放上配合鱼片宽度切好长度的松茸，包裹卷起。

**3** 完成的梭子鱼片卷。包卷时要注意，应能在装盘时看到松茸伞部。

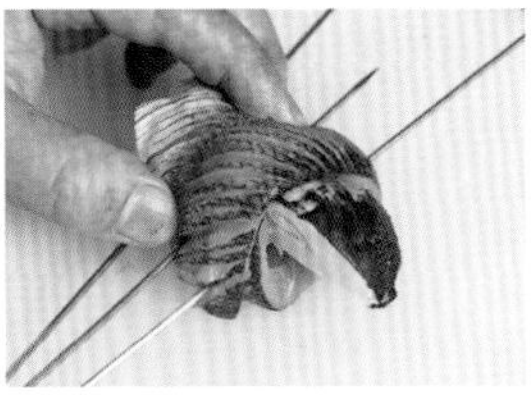

**4** 按住梭子鱼片卷的一端，保证松茸不会挪动的状态下穿入3根细扦子。

**5** 穿好的梭子鱼片卷。

用远红外线
蒸烤出的松茸
有着压倒性的存在感

## [烤制]

**1** 为了能烤熟包卷重叠在一起的梭子鱼片，将火力调整至小火3。 3

**2** 从装盘时朝上的正面开始烤。用小火烤至鱼肉变热。 3

**3** 如图所示开始稍微有一些油脂渗出，此时还不需要翻面。 3

**4** 时不时添加炭，让火力保持在3。 3

**5** 有较多油脂溢出之后，将火力提升到4，以逼出所有脂肪。 4

**6** 如图所示油脂开始滴落时翻面。这个阶段正面已有3成熟。 4

**7** 背面也开始有油脂渗出时，将火力提升至5~6，这个阶段整体已有6成熟。 5~6

**8** 油脂开始不断滴落时，翻面再次烤正面。 5~6

**9** 把炭压在烤串的前后位置，烤侧面。因为梭子鱼片卷为圆柱状，这样才能全面地烤熟。 5~6

**10** 进入最后的烤制阶段。用铝箔纸盖住，让烤串下面、侧面和上面都可以熏烤到。其间可增强火力。 6

**11** 翻面。将烤串前后的炭拿掉，再次盖上铝箔纸。 6

**12** 用手指捏按一下松茸，确认熟度。烤至捏按后会慢慢扁凹下来的程度即可。 6

**13** 翻面烤正面，进入最后的烤制阶段。烤至油脂慢慢地溢出的状态就烤好了。 6

**14** 烤好的梭子鱼片卷。

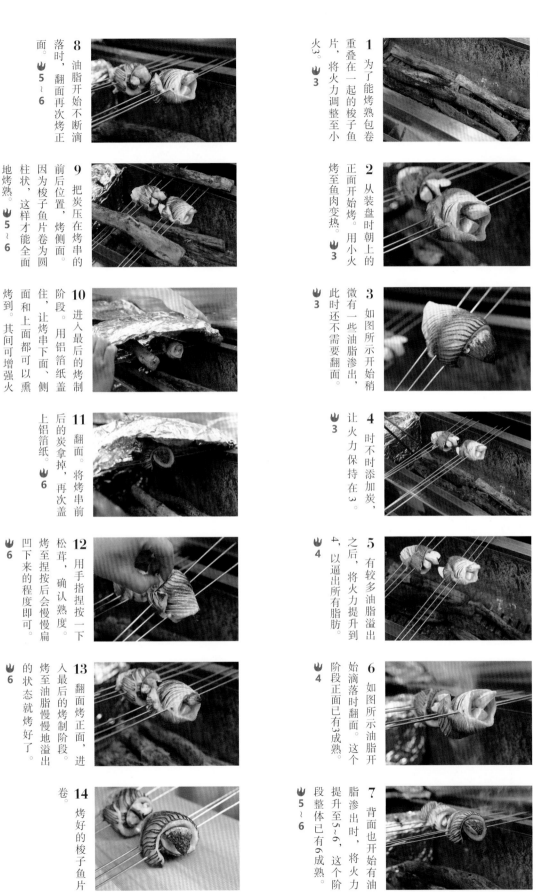

# 喜知次鱼

## 一夜干

○用盐水浸泡后再经干燥工序而得到的一夜干喜知次鱼，是去掉水分的浓缩美味。要用炭火花点时间慢慢来烤，如同泡发干货般使其渐渐膨胀松软起来。

○如果油脂开始滴落且产生烟雾，要稍微增强火力以使鱼皮烤得酥脆。烤制的诀窍是，充分去除味道不好的鱼皮下的脂肪，但烤好后仍留下喜知次鱼体内香甜的脂肪。

[一夜干]

喜知次鱼开背之后做一夜干的处理。这里使用一条重约250g的喜知次鱼。

[穿串]

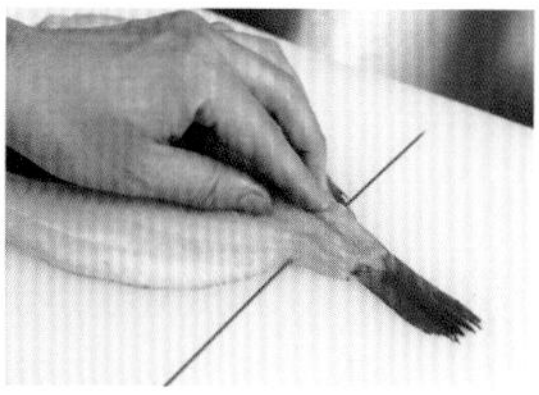

**1** 喜知次鱼鱼皮面朝下放平，将细扦在尾鳍根部附近刺入。在鱼皮向上一些、紧贴中骨下方的位置刺穿过去。

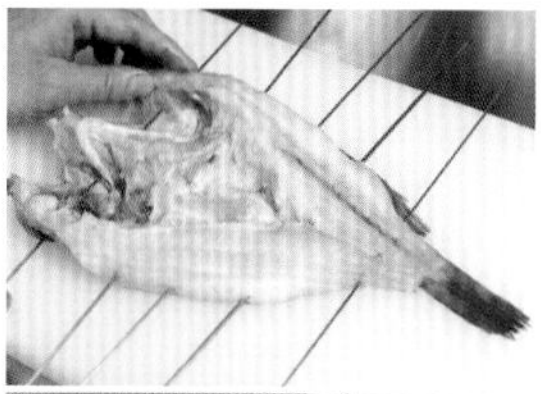

**2** 在细扦到鱼头之间再穿入5根中粗扦。与步骤1相同，在鱼皮向上一些、紧贴中骨下方的位置刺穿过去。

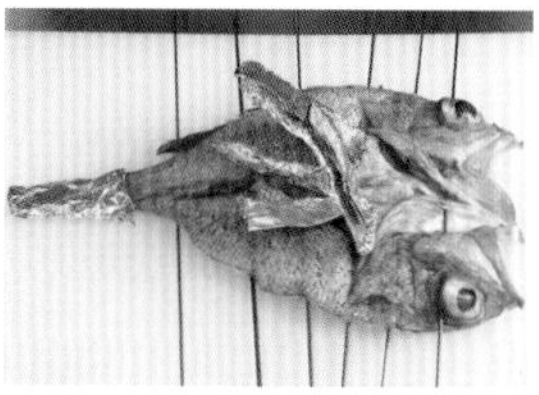

**3** 胸鳍、腹鳍、尾鳍用铝箔纸包裹住，以免烤焦。

如同泡发干货般
用炭火慢慢地烤至
膨胀松软

## [ 烤制 ]

**1** 从鱼皮面开始烤。火力为小火2~3。一开始就用大火容易烤焦。慢慢地烤，为充分去除鱼皮下的脂肪而做准备。 2~3

**2** 烤至稍有点熟且油脂开始滴落时，堆积起烧得通红的炭，把火力提升到4，慢慢地烤出少许焦黄烧痕。 4

**3** 油脂开始大量滴落且产生烟雾。火力保持为4。用扇子扇风，让喜知次鱼整体染上烟熏香气。 4

**4** 如图所示把鱼鳍立起来，鱼皮烤至酥脆之后翻面，把火力降低至2~3的小火，烤鱼肉面。 2~3

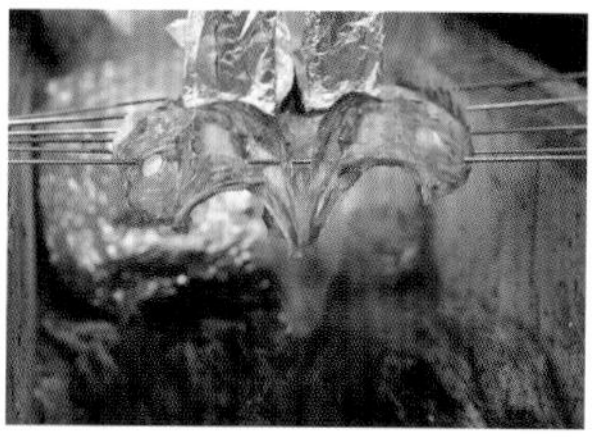

**5** 鱼肉面开始有油脂滴落。 2~3

**6** 待鱼肉面如图所示稍微烤上烧色、差不多快熟时，翻面再烤鱼皮面。 2~3

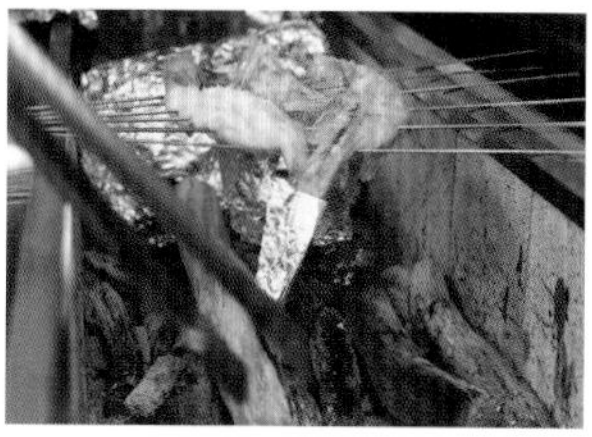

**7** 将火力提升到4。 4

**8** 翻面，鱼肉面进一步烤出烧色。不用添加新炭，只需把炭堆积得高一些，使喜知次鱼更靠近炭火。鱼肉面溢出相当多的黄色油脂之后，用扇子扇风熏烤。 4

**9** 火力保持在4，翻面烤鱼皮面。烤至油脂开始发出噼里啪啦炸开的声音之后，将火力提升到5。 4~5

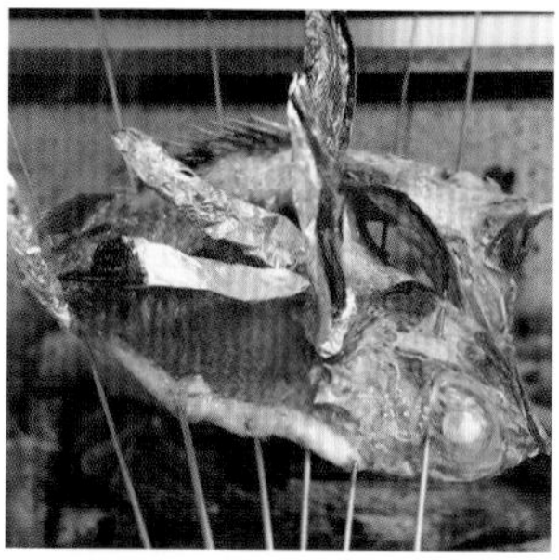

**10** 翻面烤鱼肉面，将表面多余的油脂烤干。鱼皮面已整体呈现焦黄色泽。火力如有减弱，要添加新炭使火力保持在5。 5

**11** 翻面烤鱼皮面，进入最后的烤制阶段。为了烤出鲜明的焦痕，将火力提升到6，把鱼皮烤得焦香酥脆。 6

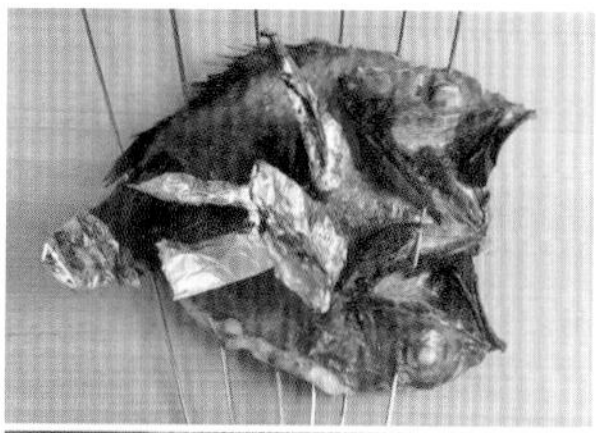

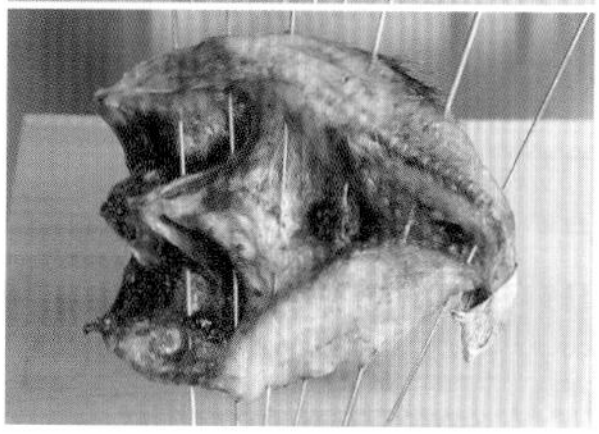

**12** 烤制完成。拆掉鱼鳍上包裹的铝箔纸。

# 金目鲷

## 山椒粒烤

腌渍→烤制→刷酱烤制→离火静置20分钟→刷酱烤制

○因为所含的胶质和脂肪不算太多，所以若高温烤制，鱼肉会因水分易蒸发而变得过干。因此，最后烤制前要离火静置20分钟，利用余热来调整受热程度。使用低温加热的方法，可以烤得很嫩且避免金目鲷的美味流失。这里选用2.5 kg的金目鲷。

［山椒幽庵腌渍料］

幽庵腌渍料　500 mL
- 味淋　2份
- 清酒　1份
- 浓口酱油　1份

煮山椒粒　30 g

※幽庵腌渍料，将味淋和清酒混合后煮沸，使酒精挥发，静置放凉后再加入浓口酱油，混合均匀即制成，做法详见15页。

［烤酱］

山椒幽庵腌渍料　适量

煮山椒粒　适量

※山椒幽庵腌渍料中加入完整的煮山椒粒后混合均匀。

［山椒幽庵腌渍料］

1 煮山椒粒用研磨钵捣碎。

2 倒入幽庵腌渍料后，仔细研磨混匀。

［分切、划刀口］

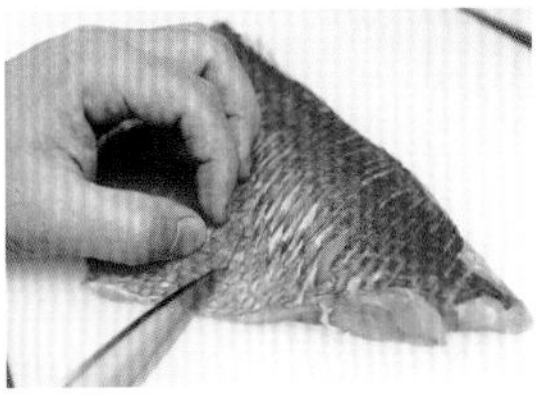

1 以三枚切（见22页）的方式处理好，放入冰箱冷藏室中熟成2日后，在整面鱼皮上划出细刀口。腹部较薄的部分也要划出细刀口。

2 切成一片80 g左右的鱼片。两端的部分不作为烤物使用。

［腌渍］

1 切好的鱼片摆在铁盘内，再倒入山椒幽庵腌渍料。盖上厨房用纸，让被腌渍料浸透的厨房用纸均匀裹住鱼片表面，静置2小时。

2 从腌渍料中取出的金目鲷。即使腌渍时间再延长，也不会更入味了。

［穿串］

穿好扦子的金目鲷。使用3根扦子。按照右侧、左侧、中间的顺序，折起鱼片两端（两褄折）后穿入扦子，让鱼片呈波浪起伏状。

［烤制］

1 从鱼皮面开始烤。火力为小火2。

2 烤至2成熟之后，翻面烤鱼肉面。

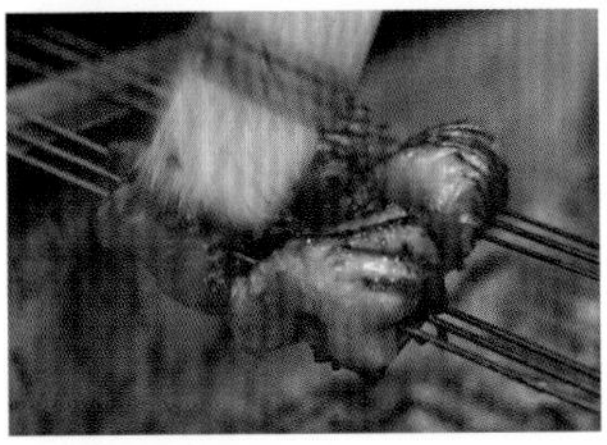

3 用刷子在鱼皮面刷上烤酱。烤酱中加入了完整的煮山椒粒，更添一分山椒香气。刷烤酱时，要像将其盛放在鱼肉上般，使其能更多地留在表面。

辛辣味十足的山椒粒。
利用余热，
烤出湿润的口感

**4** 翻面在鱼肉面刷上烤酱。烤酱滴落的话温度会降低，所以要添加炭来保持温度。 2

**5** 翻面烤鱼肉面，离火静置前在鱼皮面再刷一次烤酱，以避免鱼肉变干。 2

**6** 将烤串移离炭火静置20分钟。

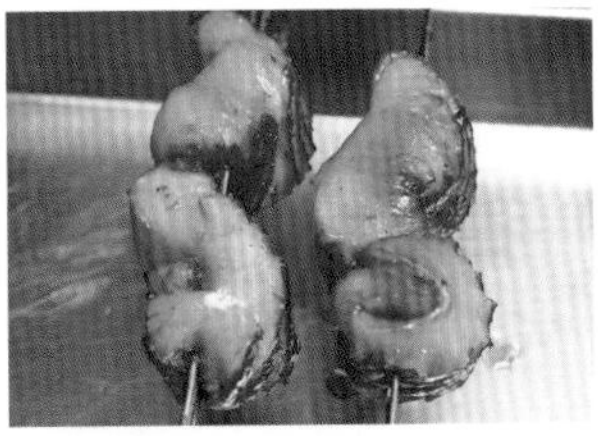

**7** 离火静置前的熟度如图所示。中心部分没有完全熟透。

**8** 将火力调整到2，从鱼肉面开始烤。 2

**9** 翻面烤鱼皮面。 2

**10** 再次翻面烤鱼肉面。为避免烤干，在鱼皮面刷上烤酱。 2

**11** 把烧得通红的炭移动堆积在一起，以加强火力。 6~7

**12** 翻面烤鱼皮面。鱼肉面已经烤出些许焦痕。 6~7

**13** 鱼皮面已经开始有油脂溢出，进入最后的烤制阶段。 6~7

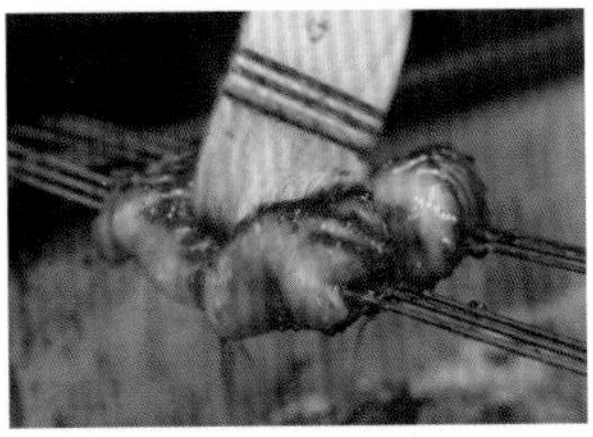

**14** 翻面，在鱼皮面刷上烤酱。 6~7

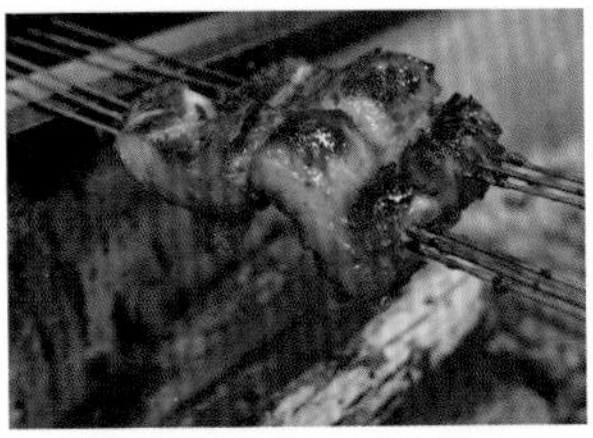

**15** 翻面，在鱼肉面刷上烤酱。此时已烤出光泽感了。火力再继续加强。重复数次翻面刷烤酱的操作。 7~8

**16** 油脂冒泡就是即将烤焦的信号。再把火力提升到9，刷上烤酱之后将烤串移离炭火。 9

**17** 转动着拔出扦子，撒上煮山椒粒。

# 日本对虾

## 鬼壳烧

撒装饰盐→烤制

○日本对虾有着美丽的红色，以及优美的头部和尾鳍，很适合做成鬼壳烧。稍微撒些装饰盐，注意不要烤焦。

○短时间内用大火烤外面的壳，再利用余热慢慢地烤内部的肉。关键是，虾肉最中心处还要保留3成熟的状态。头部不需要烤出明显焦痕，剥壳后再盛给客人比较好。

［穿串］

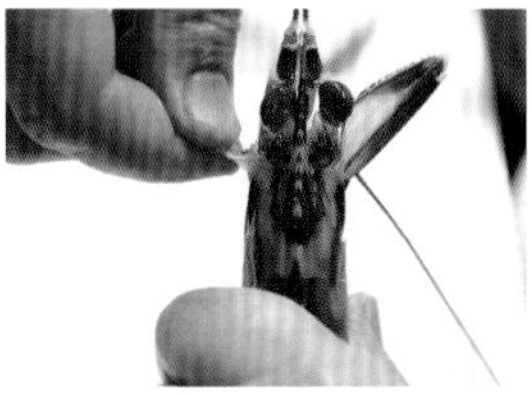

**1** 将触须下方的一对鳍状的东西在头部两侧展开。

**2** 展开后调整一下，使其呈现更优美的形态。

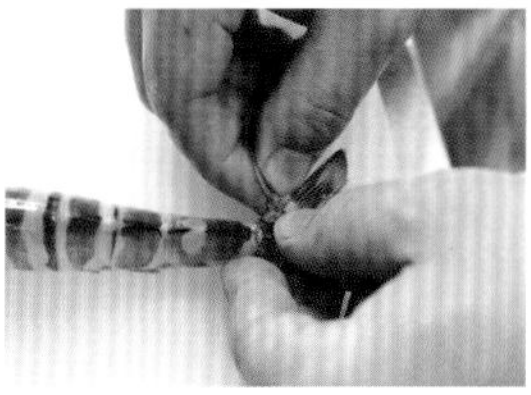

**3** 打开尾鳍。将尾部最外侧的鳍展开，压在旁边的鳍的上方使贴紧。

**4** 展开后的状态。另一侧也以同样的方式展开，让尾部像扇子一样打开。

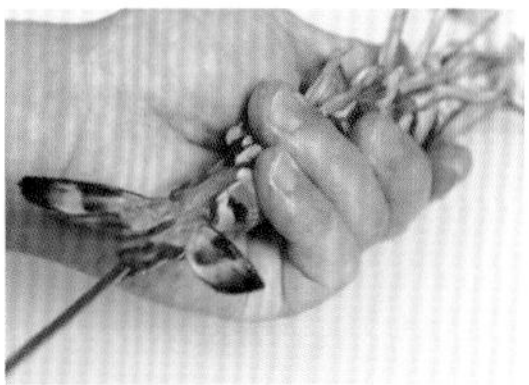

**5** 腹部朝上，从尾鳍末端正中的尖角处刺入扦子。

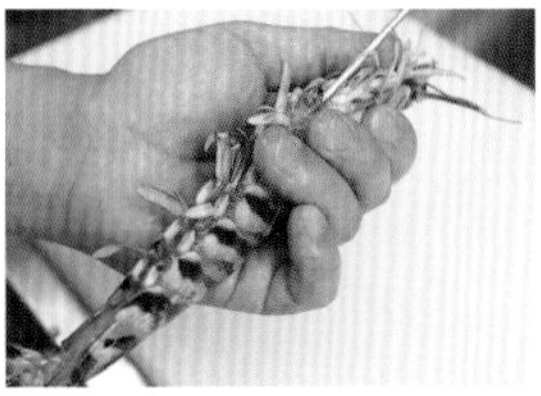

**6** 贴紧腹部外皮向前穿过扦子，在接近头部的位置刺出。这样头部会反向翘起，看起来更活泼且有气势。如果想让虾身伸直，将扦子直接刺穿过头部即可。

**7** 将竹签从扦子的下方穿过，将对虾固定好。如果不事先穿入竹签，受热后虾身就会弯转起来。

**8** 穿好的日本对虾。烤前先弄湿头部和尾鳍，然后撒上装饰盐。容易烤焦的部分要全部均匀地撒上装饰盐。

## ［烤制］

**1** 将火力调整为大火∞。将炭平铺着堆积起来，以让虾整体都能受热均等。8

**2** 从背部面开始烤。确保头部也能很好地被烤到。8

**3** 开始烤上烧色后翻面，烤腹部面。重复翻面数次，让两面都能受热均等。一直保持大火∞。8

**4** 两面都用大火快速烤一下。8

**5** 烤好的日本对虾。

只烤一串时，可在两侧设置辅助支撑物，将竹签架在其上来固定烤串。

加热后的甘甜滋味
与虾肉中心的生食口感
完美地融合在一起

# 鲭鱼

## 醋渍鲭鱼土佐烧

醋渍→稻草熏烤→火焰炙烤

○醋渍鲭鱼用稻草稍微熏烤，使其沾染上烟熏香气。这里介绍与普通醋渍鲭鱼不一样的醋渍鲭鱼土佐烧（见90页）做法。

○正值季节的体型较大的鲭鱼，即使用醋腌渍，内部的肉仍然留有相当多的脂肪。若用大火熏烤，在表皮的细刀口处就会有油脂溢出并滴落在稻草上，升腾起的烟雾让鱼肉沾染上烟熏香气。

○可作为刺身料理提供给客人。

［醋渍］

**1** 鲭鱼以三枚切（见22页）的方式处理好。

**2** 铁盘内铺上大量的盐，将鲭鱼鱼皮面朝下放在盐上，再用大量的盐覆盖住鲭鱼。

**3** 鲭鱼在常温下静置3小时。用大量的盐包裹住鲭鱼，不仅盐味会渗入鱼肉中，鲭鱼渗出的水也会被盐吸收，可起到去除腥味的作用。

**4** 在流水下冲洗鲭鱼5分钟左右来去除表面的盐，冲至表面没有盐粒残留即可。然后擦干水，剔除掉腹部鱼刺，残留的中骨也用镊子拔掉。

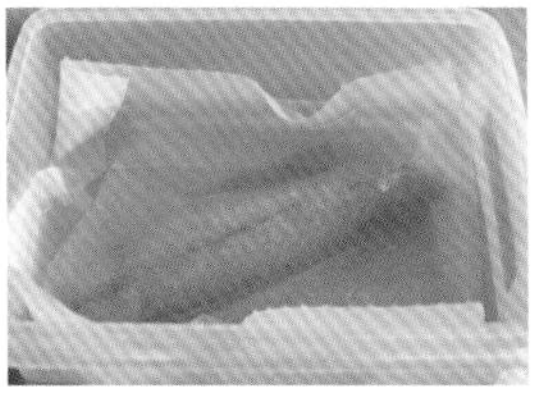

**5** 在容器中放入鲭鱼，倒入原味醋，盖上厨房用纸，让被醋浸透的厨房用纸均匀裹住鲭鱼表面。

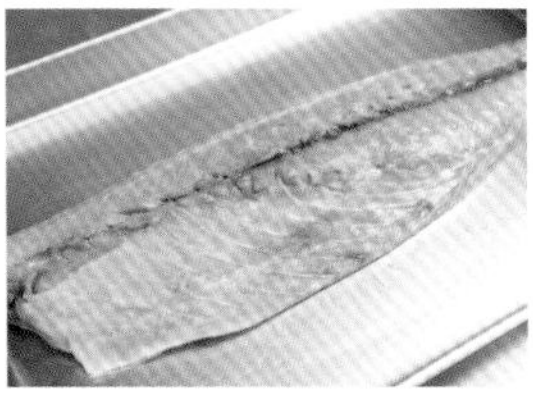

**6** 腌渍30分钟后的鲭鱼。

［划刀口］

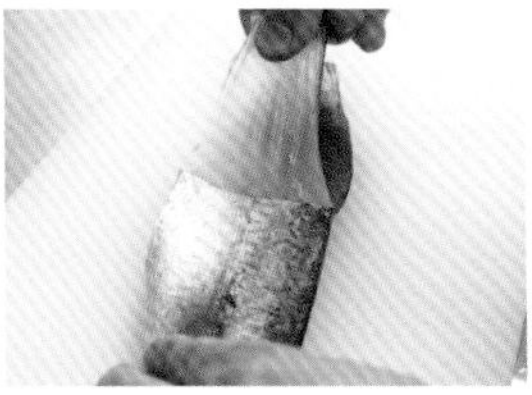

**1** 从头部开始剥去鱼皮。

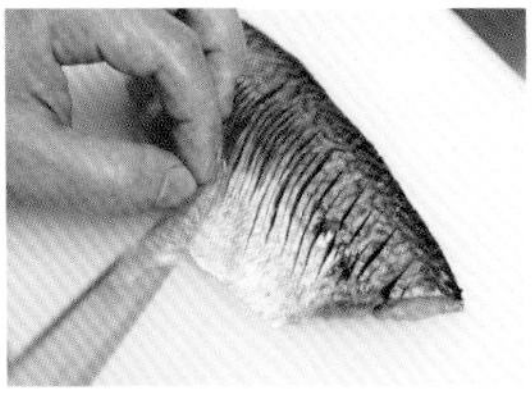

**2** 因为要利用鱼皮下的脂肪来增添烟熏香气，所以斜着划出细刀口，这样烤制时油脂更容易溢出来。

［穿串］

在接近鱼皮的位置穿入扦子。先在右侧、左侧、中间各穿入1根扦子，然后在中间扦子与左侧、右侧扦子的间隔中再分别穿入2根扦子，共计穿入7根扦子。可根据鲭鱼的大小调整扦子的数量。

难以形容的稻草香气，
让醋渍鲭鱼获得新生

## [烤制]

**1** 在一斗罐中立着放入稻草。立着放入比横着放入要更容易着火。

**2** 把一斗罐放在煤气灶台上。即使火焰烧得很旺，在煤气灶台上也不用担心火势蔓延。

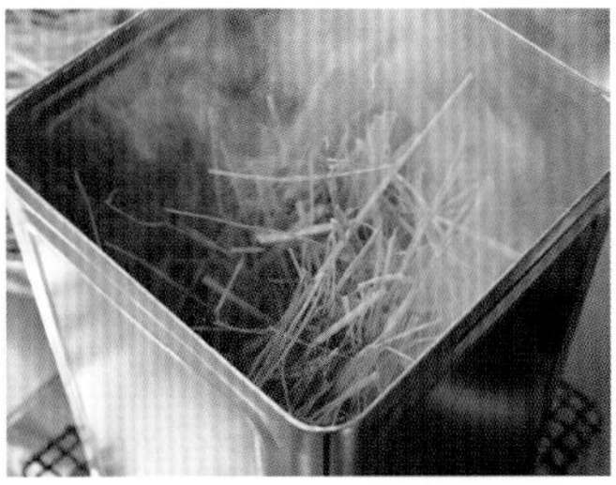

**3** 在一斗罐中放入烧得通红的炭来熏烤稻草。用扇子把空气扇入一斗罐中。

**4** 开始冒烟后，鱼皮面向下将烤串架在罐口处，熏烤脂肪多的鱼皮面。

**5** 稻草着火后开始燃起火焰。这个状态下可以炙烤到鱼皮的刀口深处。油脂开始滴落，使火焰燃烧得更旺盛。

**6** 翻面烤鱼肉面，只需快速炙烤至变色的程度即可。然后马上翻面，快速炙烤鱼皮面。

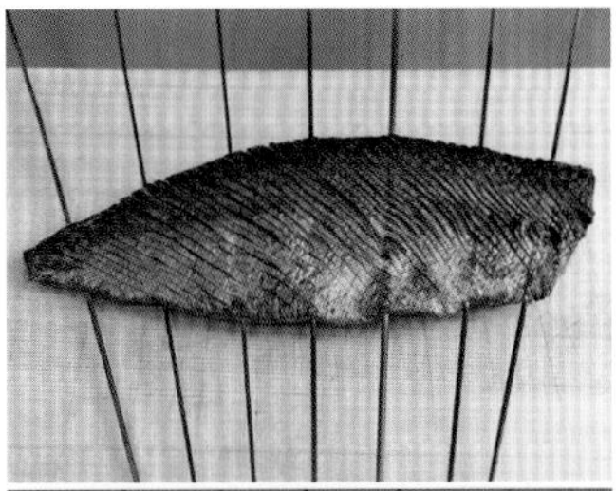

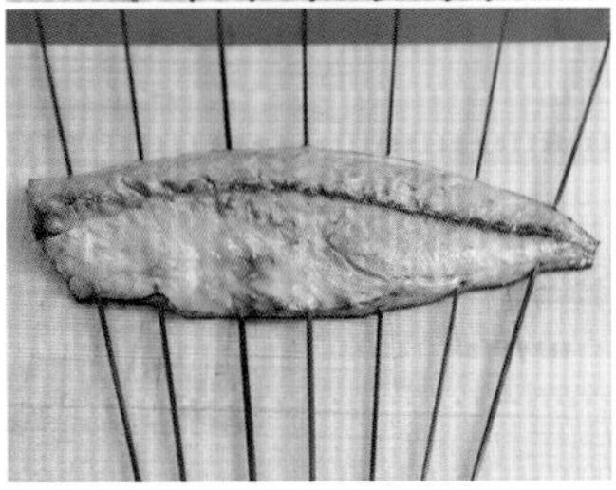

**7** 烤好的醋渍鲭鱼。

# 蓝点马鲛鱼Ⅰ

## 味噌幽庵烧

腌渍→烤制→淋酱烤制→静置20分钟→淋酱烤制

○蓝点马鲛鱼的肉质非常柔软，所以通常会先浸泡在幽庵腌渍料中去除水分，让肉变紧致之后再烤制。在秋季至冬季的寒冷时节，蓝点马鲛鱼的脂肪含量尤为丰富，与在幽庵腌渍料中加入白粒味噌而成的味噌幽庵腌渍料非常相称。

○与之前介绍的幽庵烧（见26页）一样，利用余热进行低温加热。这样不仅可以柔和地加热让成品更嫩，同时也能更加入味。

○烤制中使用的烤酱与腌渍用的味噌幽庵腌渍料相比配方稍有调整，更强调了味噌的味道。烤制时反复淋上烤酱让味噌附着，最后用大火把覆满味噌的表面烤得焦香四溢。

［味噌幽庵腌渍料］

幽庵腌渍料 800 mL
白粒味噌 300 g

［烤酱］

幽庵腌渍料 800 mL
白粒味噌 600 g

※幽庵腌渍料，将3份味淋和1份清酒混合后煮沸，使酒精挥发，静置放凉后再加入1.5份浓口酱油，混合均匀即制成，做法详见15页。

［味噌幽庵腌渍料］

幽庵腌渍料中加入白粒味噌后混合均匀，做成味噌幽庵腌渍料。

［烤酱］

烤酱与味噌幽庵腌渍料做法一样，幽庵腌渍料中加入白粒味噌后混合均匀，但因味噌分量加倍，味道会更浓郁。

［腌渍］

将分切好的（分切工序参见26页）蓝点马鲛鱼放入味噌幽庵腌渍料中。盖上厨房用纸，让浸透味噌幽庵腌渍料的厨房用纸均匀裹住鱼片表面。静置2小时后再穿串（穿串工序参见14页）。

［烤制］

**1** 从鱼皮面开始烤。用火力2~3的小火烤制。 2~3

**2** 烤至开始发白后马上翻面。 2~3

※鱼肉生的时候酱料会较难附着。开始阶段的烤制，就是为了使酱料更易附着在鱼肉上。

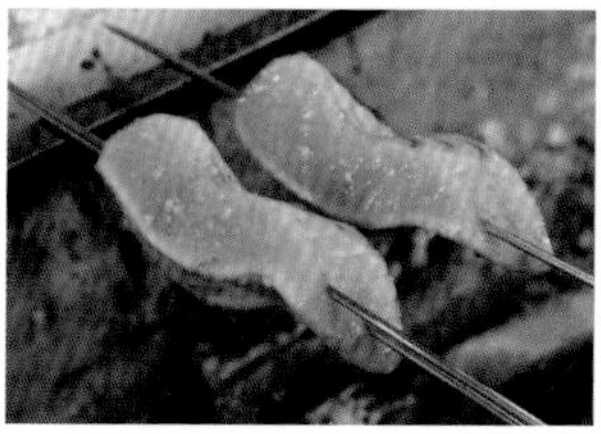

**3** 让鱼肉面与鱼皮面的受热程度尽量均等，烤至表面开始变熟。如图所示观察侧面，即可判断受热程度（熟度）。鱼肉面变熟部分的比例比鱼皮面要稍大些。 2~3

**4** 再次翻面烤鱼皮面，烤至两面的受热程度均等。 2~3

**5** 将烤串移离炭火，将鱼片整体都淋上烤酱。

**6** 将烤串放回炭火上，从鱼皮面开始烤。烤酱滴落在炭上会使温度下降，所以要及时添加、堆积烧好的炭来保持温度。 2~3

润泽的油脂，
烤出味噌的焦香

**7** 翻面烤鱼肉面。 2~3

**8** 重复3次淋烤酱后烤制的操作，其间持续观察侧面以确认两面的受热程度是否均等。 2~3

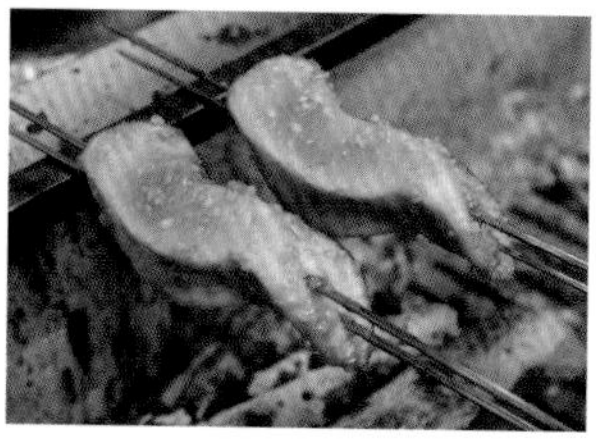

**9** 为避免表面变干，淋上烤酱后离火静置20分钟。

※静置期间余热会让鱼肉继续受热，同时烤酱也会渗透入味。

**10** 静置20分钟后的蓝点马鲛鱼。图中所示为中央部分的横切面。

**11** 开始进入最后的烤制阶段。将火力调整至中火5，从鱼皮面开始烤。 5

※因为加入了味噌，鱼肉的温度较难提高，所以火力要比普通的幽庵烧时稍大一些。

※与其说是烤，不如说更像是温热烘干的感觉。

**12** 烤干之后翻面，将鱼肉面也烤干。 5

**13** 翻面，进一步烤干鱼皮面。 5

**14** 移离炭火，将鱼片整体都淋上烤酱。

**15** 从鱼皮面开始烤。烤酱滴落在炭上会使火力变弱，所以要适时地添加、堆积烧好的炭，以保持中火。此时与其说是在烤肉，不如说是在烤表面的烤酱。 5

**16** 继续烤，其间翻面3次。让味噌充分渗透入味。 5

**17** 再次将烤串移离炭火，将鱼片整体淋上烤酱。

**18** 进入最后的烤制阶段。火力调整至大火7~8，从鱼肉面开始烤。烤干之后翻面，让味噌充分渗透入味。 7~8

**19** 待味噌充分渗透入味之后，最后在表面烤出焦痕，烤制完成。 7~8

**20** 烤好的蓝点马鲛鱼。

# 蓝点马鲛鱼Ⅱ

味噌渍烤

撒盐→腌渍→烤制→刷味淋

○海鲜类的味噌渍烤，使用味噌风味较强的颗粒味噌会更适合，这里试着使用白粒味噌。另一方面，蔬菜类的味噌渍烤，则适合使用味道稍清淡的过滤味噌。根据不同的腌渍食材选择适合的味噌，是很重要的事情。

○味噌腌渍原本是以保存食材为目的的一种手法。现在物产流通很发达，每天都能获得新鲜的鱼类，但是味噌腌渍可以适当去除水分并让味噌的美味渗入，因此十分适合用此手法来制作便当等餐食。这里我们试着制作适合鱼类的白粒味噌的味噌床。

○撒上薄薄的一层盐适度去除水分，味噌的味道会更容易渗入鱼肉中。

［味噌床］

白粒味噌　2 mL
味淋　215 mL
清酒　50 mL

※将所有材料充分混合拌匀。

［撒盐］

铁盘内撒上薄薄一层盐，摆上分切好的（分切工序参见26页）鱼片，再从上方撒上薄薄一层盐。在常温下静置1小时。

［腌渍］

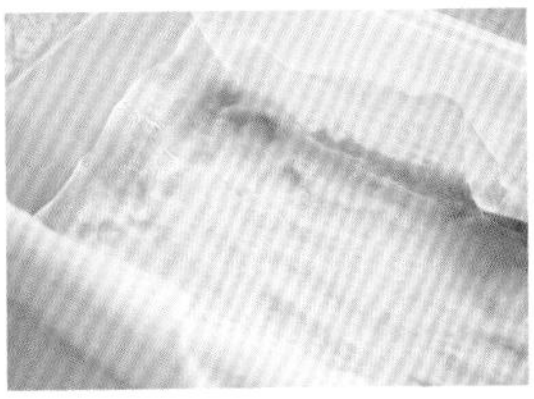

**1** 铁盘内铺上薄薄一层味噌床，再将一块纱布紧贴着覆盖其上。

**2** 将蓝点马鲛鱼片（一片80 g）鱼皮面朝下并列摆放好。

**3** 将一块纱布盖在鱼片上，然后在纱布上均匀铺放味噌床，要比上一次铺得更厚。

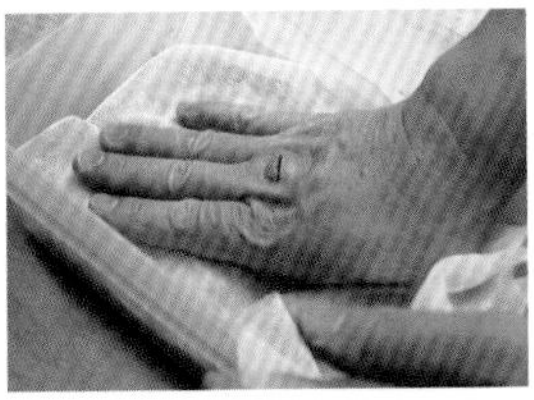

**4** 折叠起纱布盖住味噌床，轻轻按压后放入冰箱冷藏室中腌渍。

**5** 腌渍3日的蓝点马鲛鱼片。腌渍3日后才可用来烧烤。

※穿串的工序，可参见14页。

用味噌腌渍得恰到好处的蓝点马鲛鱼
要先用小火慢慢烤

## ［烤制］

**1** 不要使用烧得通红状态的炭，使用盖上灰后发白状态的炭，则火力刚好。🔥2~3

**2** 从鱼皮面开始烤。🔥2~3

**3** 鱼皮面发白之后翻面烤鱼肉面。🔥2~3

**4** 观察侧面确认两面受热均等之后翻面，再次烤鱼皮面。🔥2~3

**5** 翻面烤鱼肉面。需勤快翻面。之前味噌腌渍时已将多余水分从鱼肉中去除，且烤制中不刷酱料（刷酱料会使温度下降），所以烤制时要特别注意及时翻面，而且要用小火慢慢烤。🔥2~3

**6** 翻面数次之后两面的受热程度很均等。🔥2~3

**7** 烤出漂亮的烧色之后，将火力增强至4~5，用刷子刷上味淋。利用因油脂滴落而产生的烟雾来熏烤蓝点马鲛鱼。🔥4~5

**8** 翻面，在鱼肉面也刷上味淋。🔥4~5

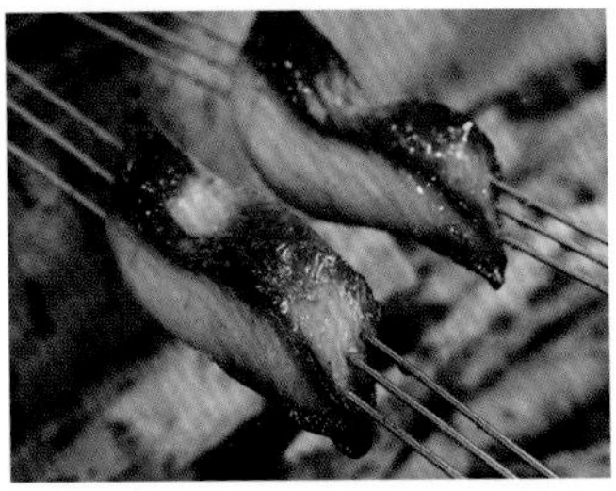

**9** 再次翻面，将鱼肉面的味淋烤干。烤至如图所示稍带光泽且略微焦化的样子。烤制时转动一下扦子。🔥4~5

**10** 最后烤一下装盘时作为正面的鱼皮面。🔥4~5

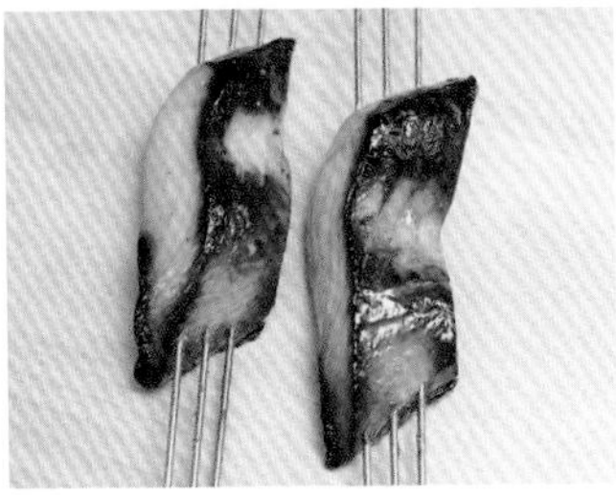

**11** 烤好的蓝点马鲛鱼。

# 甲鱼

**渍烤**

预先煮→腌渍→烤制→刷酱烤制

○将甲鱼用清酒和昆布等预先煮一下，再放入幽庵腌渍料中腌渍入味，做好前期的这几个准备工序，最终才能烤制成功。因为甲鱼已经预先煮过，所以一边用炭火烤制一边刷酱料，也可以更入味。

○用炭火可以炙烤出焦香的味道和独特的口感。

**［幽庵腌渍料］**

味淋　2份

清酒　1份

浓口酱油　1份

※将味淋和清酒混合后煮沸，使酒精挥发，静置放凉后再加入浓口酱油，混合均匀即制成，做法详见15页。

**［预先煮］**

甲鱼　1块（1kg）

清酒　1.6L

水　2.4L

昆布　边长10cm方片（7g）

甲鱼切成约4块，汆水之后剥去表皮。再切成8块，和清酒、水、昆布一起煮。最初开大火煮至沸腾，捞去浮沫。待不再有浮沫后转小火煮20~30分钟。图中所示为煮后取出放凉的甲鱼块。

**［腌渍］**

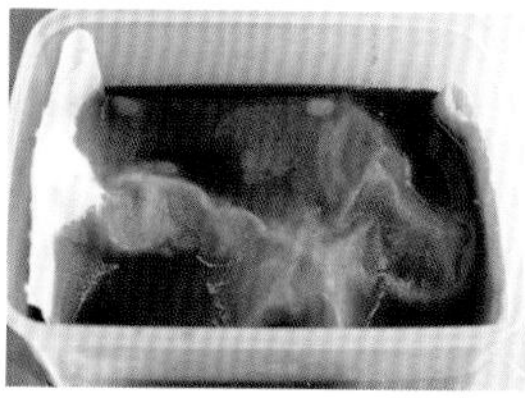

**1** 倒入幽庵腌渍料，盖上厨房用纸，让浸透腌渍料的厨房用纸裹住甲鱼块以使整体能均匀入味。在常温下静置10分钟。

**2** 从幽庵腌渍料中取出的甲鱼块。

**［穿串］**

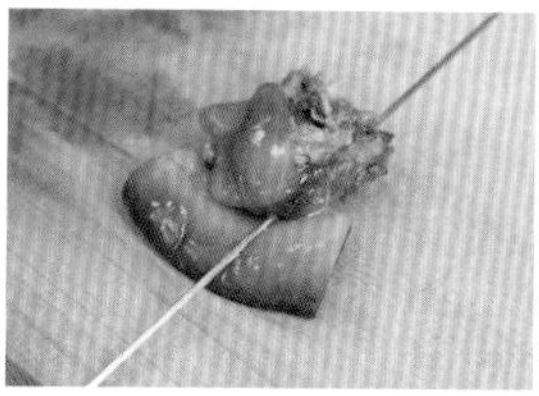

**1** 裙边的正面向下，用中粗扦穿入肉的部分。

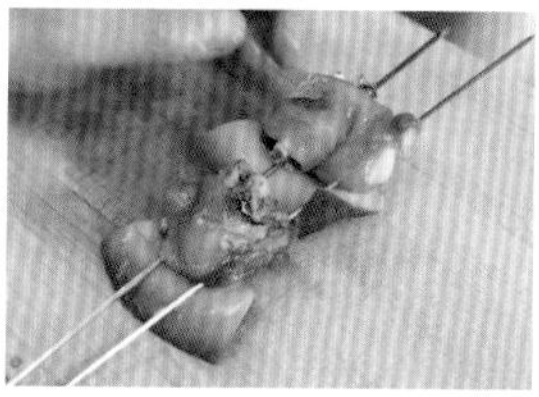

**2** 平行地再穿入一根烤扦，肉的部分都用中粗扦穿入。

**3** 穿好烤扦的甲鱼块。图中左边是肩肉，右边是裙边。

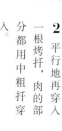

烤得香脆的表面与
独特的胶质口感形成对比

## [烤制]

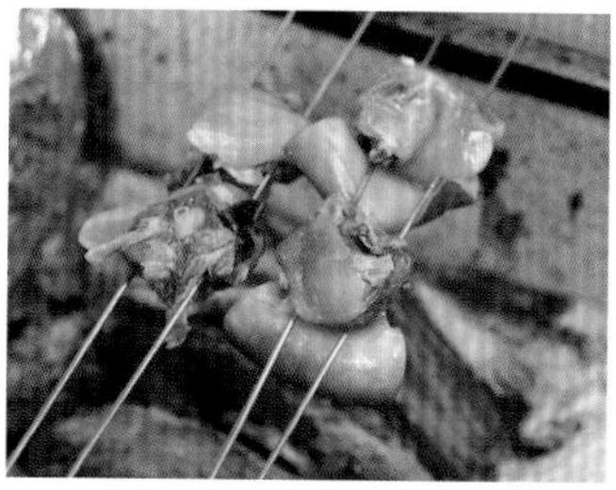

**1** 将火力调节到5，从正面开始烤。 5

**2** 烤至如图所示程度的烧色后翻面。 5

**3** 用刷子在正面刷2~3次幽庵腌渍料。因为甲鱼已经预先煮过，所以这个步骤的主要任务就是刷酱料使其入味。 5

**4** 幽庵腌渍料烤干入味后翻面，在背面也刷3~4次幽庵腌渍料。 5

**5** 这之后再重复翻面并刷幽庵腌渍料的操作大约3次，待烧色越来越浓郁且充分入味之后，即可进入最后的烤制阶段。 5

**6** 5 烤至整体烧色均等。

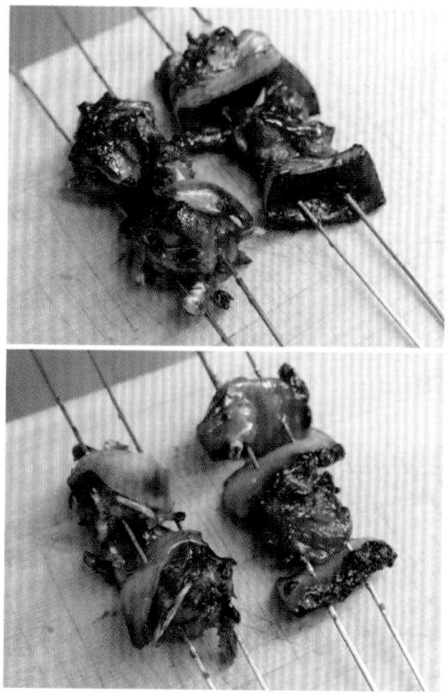

**7** 烤好的甲鱼。

# 白带鱼

**盐烤**

撒盐→烤制

○因为是又薄又细长的鱼，所以进货时尽可能选择体型大些的。白带鱼一般宽约四指，但这次使用的是宽约五指、重约2kg的日本德岛产的大一些的白带鱼。这样大小的白带鱼，肉会比一般白带鱼更厚。

○在这里介绍三枚切（见22页）和筒切两种处理方式下的烧烤方法。如果像这次一样使用大型的白带鱼，可以直接采取三枚切处理；但是如果使用的白带鱼体型较小或者带有鱼卵，则采取筒切处理会更好。下面会针对两种处理方式分别介绍烧烤方法。

○白带鱼是水分含量相对较高的鱼类。三枚切处理的话，肉会比较薄，若烤制时间太长则水分会流失，鱼肉就会变得疏松，所以要用稍大的火在短时间内烤好。筒切处理的话，因带有骨头，所以相比三枚切处理，要用稍小的火慢慢地烤制。若带有鱼卵，鱼卵要以像在鱼腹中蒸烤一样的感觉来加热。

## 三枚切［分切、撒盐］

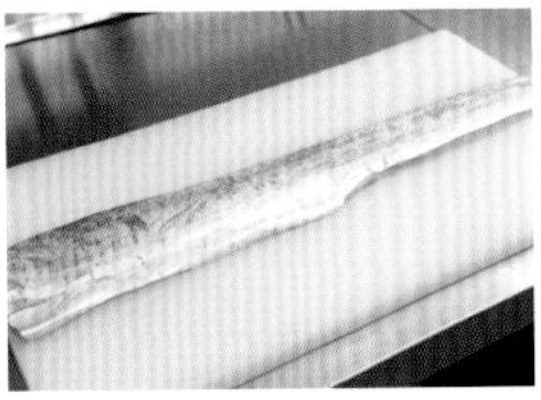

**1** 以三枚切方式处理好的白带鱼。

**2** 为了更便于逼出皮与肉之间的脂肪，用刀在鱼皮上划出浅浅的细刀口，这样烤制时油脂更易溢出。

**3** 分切成一片约70g的片，铁盘内撒上薄薄一层盐，鱼皮面朝下摆上鱼片，再从上方撒上薄薄一层盐，静置30分钟。鱼皮面向上摆放的话，盐会难以渗入鱼肉中。

**［穿串］**

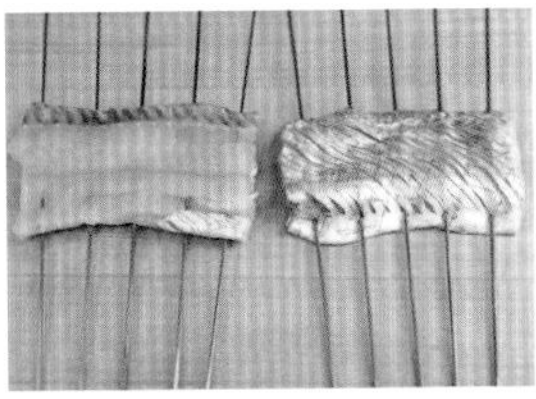

穿好扦子的白带鱼。腹部肉比较薄的部分，可以如图所示将一边折起来。从鱼皮面刺入中粗扦，再如同缝衣服一般在鱼肉中穿过去。

## 筒切［分切、划刀口、撒盐］

切除白带鱼的头部，然后切成每块约160g的带骨鱼块，将容易烤焦的背鳍切去。鱼块的两面都划上浅浅的细刀口。腹部的肉比较薄，可以不用划刀口。铁盘内撒上一层盐，摆上鱼块，再从上方撒上薄薄一层盐。在常温下静置1小时。

**［穿串］**

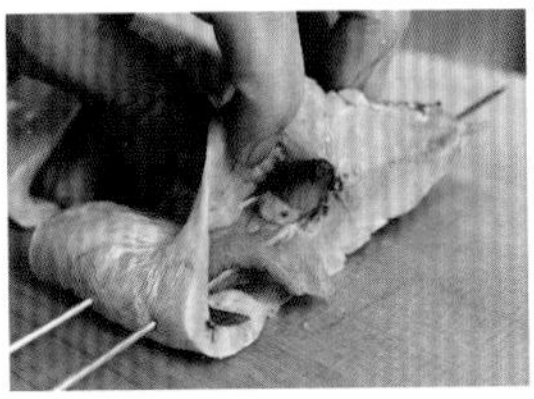

**1** 从腹部刺入第1根中粗扦，然后通过中骨的下方从背部穿出来。第2根中粗扦则要通过中骨的上方穿出来。

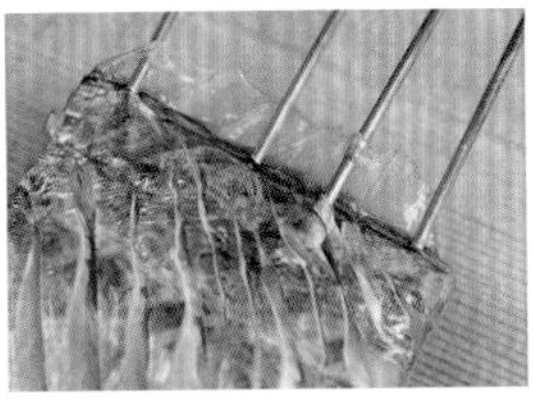

**2** 第3根中粗扦通过中骨之下，第4根则通过中骨之上，就这样夹着中骨交叉着穿入扦子。

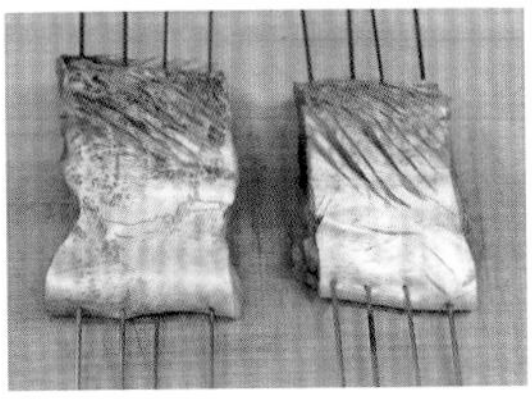

**3** 每块穿入4根中粗扦。

像银丝一样耀眼的鱼皮，
略微烤一下，就能充分展现食材的原味

## 三枚切［烤制］

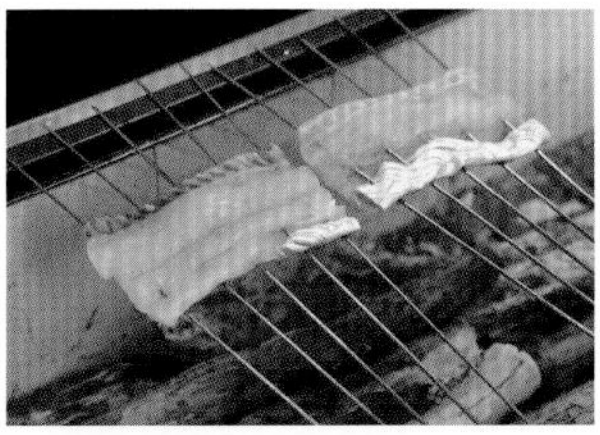

**1** 火力使用稍微大些的6，从鱼皮面开始烤。注意不要烤太长时间，以免鱼肉中的水分流失过多。6

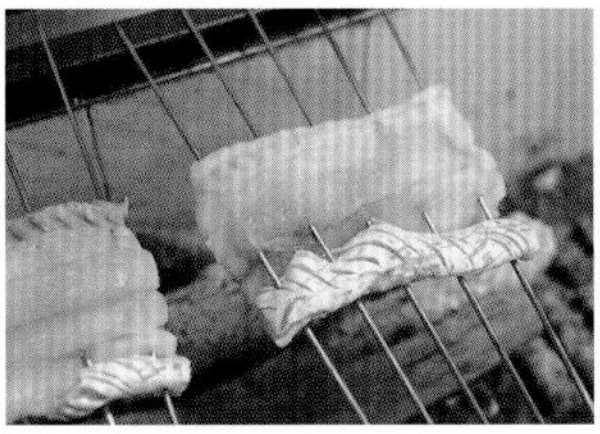

**2** 如图所示鱼肉周围开始发白时，就快可以翻面了。因为鱼肉中水分含量高，所以也比较容易熟。6

**3** 鱼皮面烤出如图所示程度的烧色时，翻面烤鱼肉面。火力保持在6。6

**4** 鱼肉面烤出如图所示程度的烧色时，再次翻面烤鱼皮面。进入最后的烤制阶段。接下来继续烤出更浓郁的烧色。6

**5** 鱼皮面烤出如图所示程度的烧色时，就烤好了。6

**6** 烤好的白带鱼。

## 筒切［烤制］

**1** 因为比三枚切处理的鱼片要厚，所以将火力调整到4，从装盘时朝上的正面开始慢慢烤。4

**2** 鱼皮稍微烤上烧色之后，将火力提高至5。没有鱼卵的部分会很快烤熟，需多加留意。烤至单面有3成熟的程度。5

**3** 烤出如图所示程度的烧色之后，翻面烤背面，将火力再次下调至4。因为想尽量减少翻面的次数，所以要不时调整炭火的火力。4

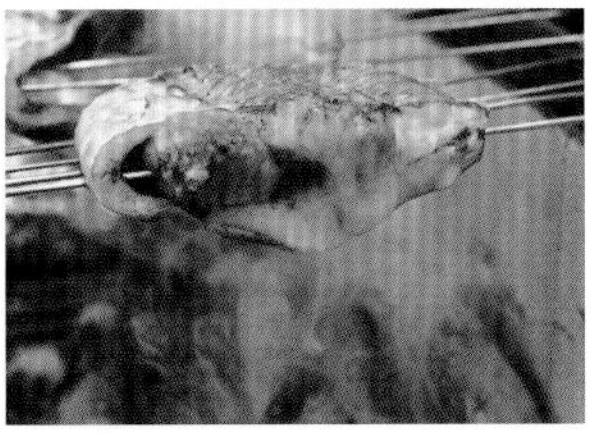

**4** 背面稍微烤上烧色之后，将火力再次提升至5。开始有少量油脂滴落。背面也已经有3成熟了。5

**5** 再次翻面，进一步烤上烧色。火力保持在5。5

**6** 烤至鱼皮开始鼓起来，且呈现看起来很美味的烧色之后，就算是烤好了。5

**7** 烤好的白带鱼。鱼卵也已经在鱼腹中被蒸烤至充分熟透。

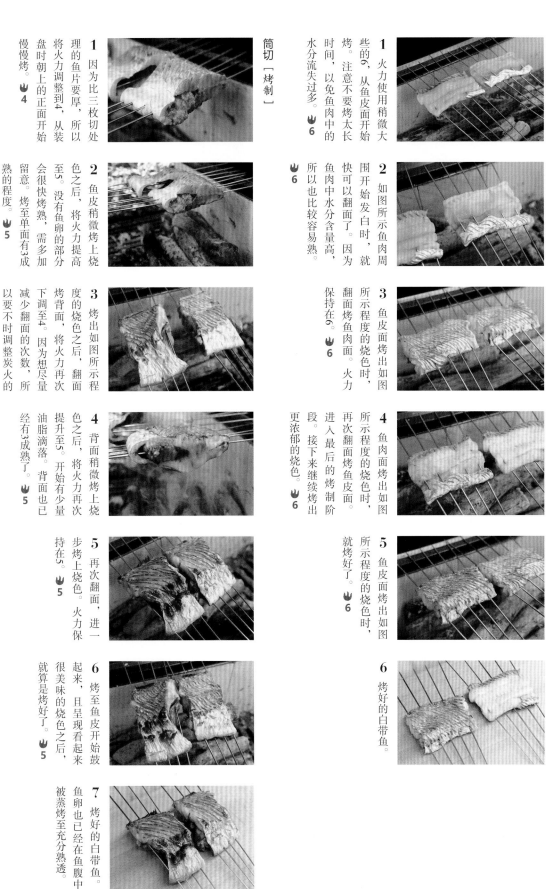

# 海鳗 I

## 渍烤

**撒盐→烤制→刷酱烤制**

○海鳗早上进货，晚上就应使用。鲜度是非常重要的。其他鱼类一般进货之后会有一个熟成期，但海鳗若放置一段时间肉就会变得干巴巴的。

○肉质清淡，脂肪味道也不是那么强烈，所以去骨之后的海鳗可以刷上幽庵腌渍料来烤制。让幽庵腌渍料充分入味是烤制的关键。相比鱼皮面，鱼肉面受热变熟的程度更高一些。这里使用的是日本德岛产的大约800 g的海鳗。

**[幽庵腌渍料（涂刷用）]**

味淋　2份
清酒　1份
浓口酱油　1份

※将味淋和清酒混合后煮沸，使酒精挥发，静置放凉后再加入浓口酱油，混合均匀即制成，做法详见15页。

**[剔骨]**

**1** 剖开腹部后的海鳗。

**2** 划出细刀口之后剔去骨头。

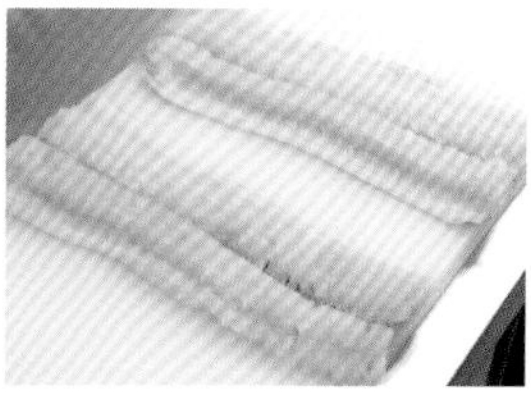

**3** 整齐地切成25 cm长的段。

**[撒盐]**

盐烤时，铁盘内撒上薄薄一层盐，鱼皮面朝下摆放好海鳗段，再从上方撒上一层盐。在常温下静置20分钟，以使盐充分渗入鱼肉中。

**[穿串]**

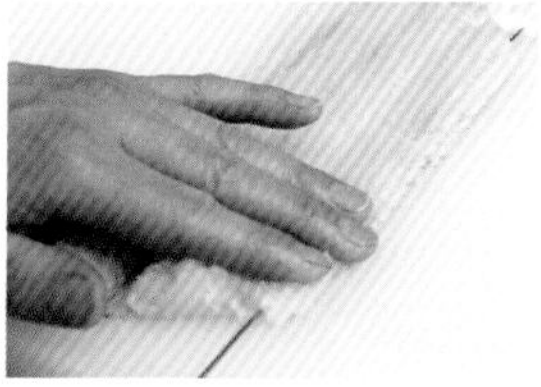

**1** 在接近鱼皮处穿入细扦。4根烤扦中，两侧的2根为细扦，中间的2根为中粗扦。

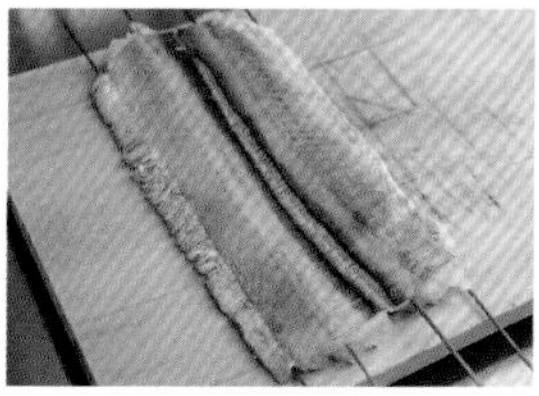

**2** 穿好的海鳗。

**[烤制]**

**1** 将火力调整至中火4。 4

**2** 从鱼皮面开始烤。 4

**3** 两侧边缘很快就会被烤得翻卷起来，所以要及时翻面烤鱼肉面。先快速烤一下鱼皮面，可以防止边缘翻卷起来。 4

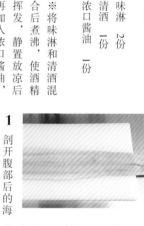

剔骨之后的鱼肉，
每一片都散发着幽庵腌渍料的焦香

**4** 因为鱼肉会卷缩，所以要按压着两侧的扦子来烤。 4

**5** 鱼肉面如图所示稍微烤上一点焦黄烧痕之后，把火力降低至3，继续烤鱼肉面。 3

**6** 烤至如图所示的上色程度之后，把火力提升到5，翻面烤鱼皮面。 5

**7** 用刷子在鱼肉面刷上幽庵腌渍料。若幽庵腌渍料滴落，炭的火力会变小，所以要将烧得通红的炭移过来以使火力保持在5。 5

**8** 再次刷上幽庵腌渍料。 5

**9** 鱼皮面烤至呈现如图所示程度的焦痕之后，鱼肉面再一次刷上幽庵腌渍料（第3次），翻面烤鱼肉面。 5

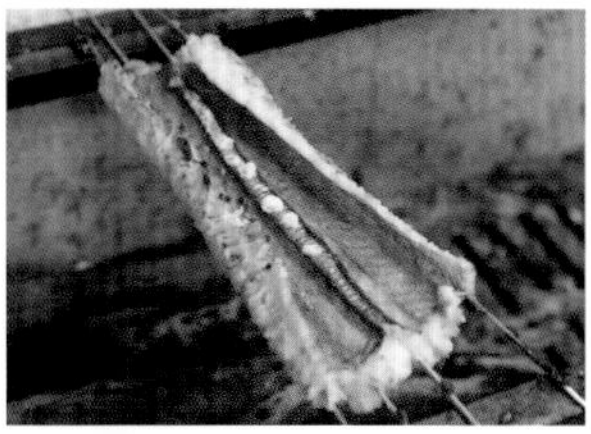

**10** 在鱼皮面刷上幽庵腌渍料。 5

**11** 鱼肉面烤干之后翻面烤鱼皮面，在鱼肉面刷上幽庵腌渍料。火力依然保持在5。 5

**12** 鱼皮面烤干之后翻面烤鱼肉面，在鱼皮面刷上幽庵腌渍料。鱼肉面、鱼皮面再分别重复刷一次幽庵腌渍料。 5

**13** 烤至刷上的幽庵腌渍料变得很浓稠。 5

**14** 进入最后的刷酱阶段。在鱼肉面刷上幽庵腌渍料后，翻面烤干。 5

**15** 在鱼皮面刷上幽庵腌渍料。幽庵腌渍料咕嘟咕嘟像收汁一样烤至有光泽感后就烤好了。 5

**16** 烤好的海鳗。

# 海鳗Ⅱ

## 盐烤

撒盐→烤制

○将事先撒过盐的海鳗穿成串来烤。渍烤时，为了让鱼肉面刷上的酱汁被充分吸收，会经常烤鱼肉面；但是盐烤时，与渍烤时相比，则会更多地烤鱼皮面，重点是把鱼皮烤得焦香酥脆。

※到穿串为止的准备工序，可参照渍烤（见123页）的操作。

［烤制］

**1** 将火力调整到4，从鱼皮面开始烤。鱼肉很快就会开始卷缩，这时马上翻面烤鱼肉面。 4

**2** 因为鱼肉会卷缩，所以烤鱼肉面时要按压着两侧的扦子。 4

**3** 烤至如图所示稍微上色的程度之后，翻面烤鱼皮面。把炭堆积起来，使火力提升至5。 5

**4** 鱼皮面烤至适当的上色程度之后，翻面烤鱼肉面。 5

**5** 鱼肉面烤至呈现金黄色的烧色即可，翻面烤鱼皮面。鱼肉面至此就不用再烤了。 5

**6** 鱼皮面烤至酥脆就烤好了。 5

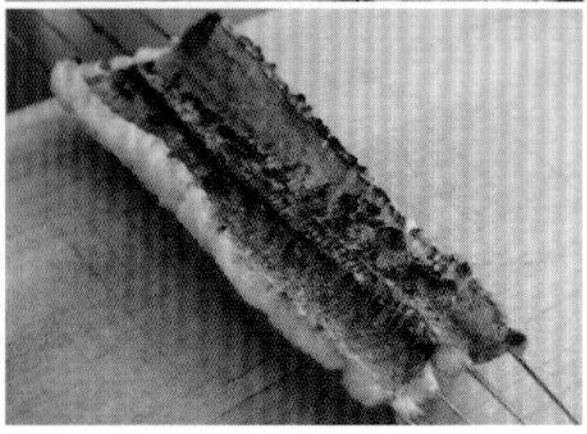

**7** 烤好的海鳗。

鱼皮的酥脆口感
是决胜关键

# 河豚 I

## 风干

风干→烤制

○将以三枚切（见22页）的方式处理好的河豚鱼身片再从背部剖开，只使用去掉头尾后的部分。作为烤物时，河豚肉上覆盖的薄皮不要去掉，可让美味倍增。撒盐之后用清酒洗干净，放到笊篱上在通风良好的有阳光处风干半日。条件不具备的情况下，也可以放在冰箱冷藏室中能吹到冷风的位置吹干。

○肉比较薄，不要大火快烤，而是要小火慢烤，以去除水分，凝缩美味精华。

［蝴蝶切］

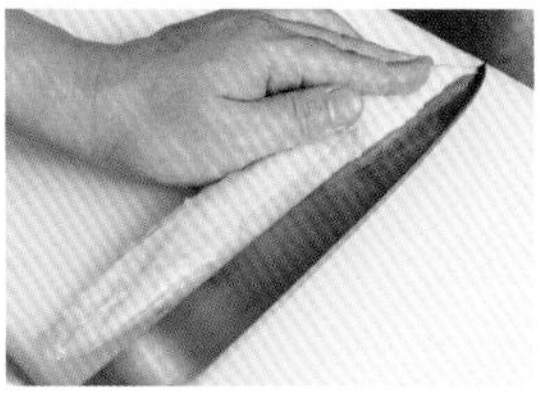

**1** 以三枚切（见22页）的方式处理好的河豚鱼身片。保留肉上覆盖的薄皮而无须去除。

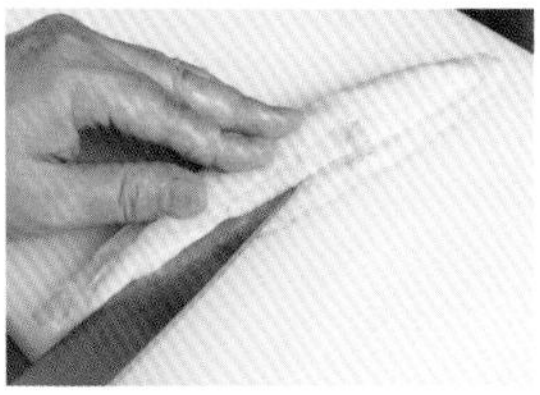

**2** 将河豚鱼身片从背部用刀对半剖开而不切断，再展开摊平得到薄一点的河豚片。

［风干］

**1** 铁盘内撒盐，外侧（带有薄皮的一面）朝下摆上河豚片。再从上方撒一层盐，放入冰箱冷藏室中静置1小时。

**2** 用清酒稍微清洗后摆放在笊篱上，在通风良好的有阳光处风干半日。

**3** 风干之后的河豚。水分已被去除，美味精华凝缩，鱼肉变成米色。

［穿串］

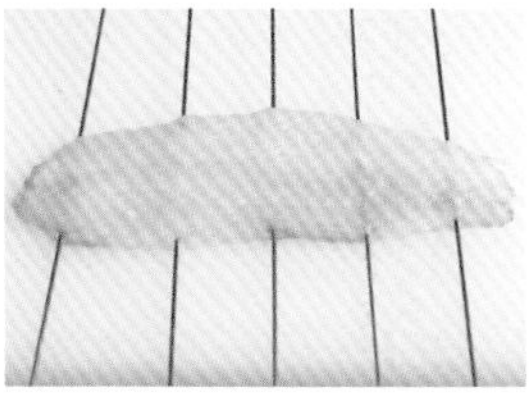

为了更便于烤制，穿入5根细扦。细扦从肉的一半厚度的位置刺穿过去。

风干后，
小火慢烤，
入口皆是凝缩的美味精华

[烤制]

**1** 将火力调整为小火2。（2）

**2** 从带有薄皮的外侧开始烤。（2）

**3** 烤至河豚肉如图所示稍稍发黄且收缩之后翻面。（2）

**4** 烤内侧。烤至外侧有水浮出之后，将火力提升至3。（3）

**5** 翻面烤外侧，微微烤上烧色。河豚肉会渐渐从内侧膨胀起来。（3）

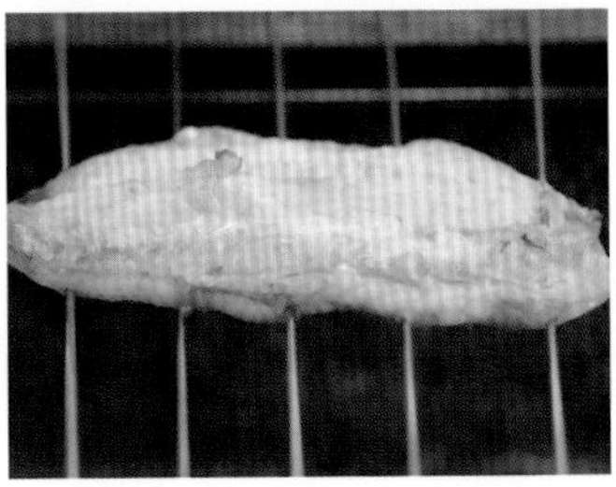

**6** 翻面烤内侧。烤至两侧均等地微微呈现烧色。（3）

**7** 火力加强至大火8，烤外侧。（8）

**8** 外侧烤至呈现焦黄的烧色之后，翻面烤至内侧也呈现焦黄的烧色。（8）

**9** 烤好的河豚。上图中为内侧，下图中为外侧。

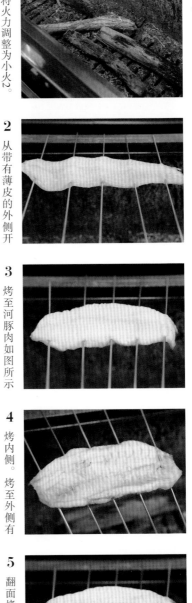

# 河豚 Ⅱ

渍烤

腌渍→烤制→刷酱烤制

○这里介绍将河豚切块后用幽庵腌渍料浸泡腌渍，再烤得整体呈现焦黄色泽的渍烤方式。河豚切成块就不易收缩，也因为骨头周围的肉有着无与伦比的美味，所以带着骨头烤比较好。这里使用的是一条330 g的虎河豚。

**[幽庵腌渍料]**

味淋　3份

清酒　1份

浓口酱油　1.5份

※将味淋和清酒混合后煮沸，静置放凉之后再加入浓口酱油，混合均匀即制成，做法详见15页。

**[腌渍]**

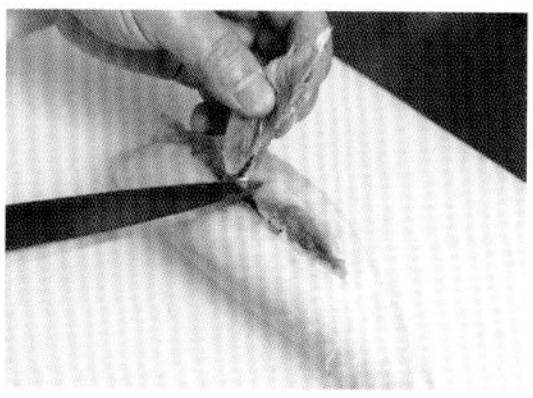

**1** 用刀将河豚腹部较硬的骨头剔除掉。

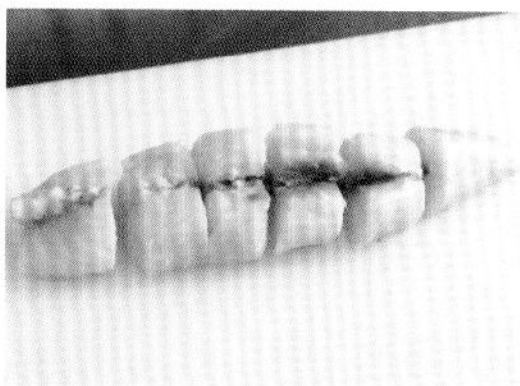

**2** 用刀切成一块60 g左右的块。

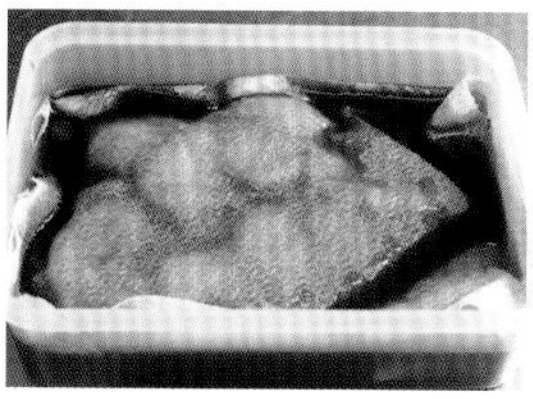

**3** 在密封容器内放入河豚块，倒入幽庵腌渍料，在河豚块上方盖上厨房用纸，让浸透幽庵腌渍料的厨房用纸裹住所有河豚块，以使所有河豚块都能均匀入味，静置30分钟。

**[穿串]**

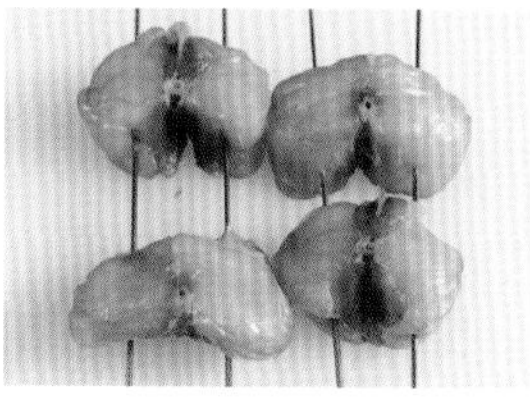

每串使用2根中粗扦，在河豚块一半厚度的位置刺穿过去。

烤至浓稠的幽庵腌渍料焦香四溢，包裹着呈现焦黄色泽的河豚块

## [烤制]

1 将火力调整至中火4，开始烤制。 4

2 烤至表面变熟，且如图所示开始发白后翻面。 4

3 待翻面后这面也有2成熟之后，将火力提升至6。 6

4 刷幽庵腌渍料。重复翻面刷酱的操作数次。火力一直保持在6。 6

5 烤至整体呈现焦黄色泽。 6

6 继续一边刷幽庵腌渍料一边烤。幽庵腌渍料滴落到炭上升起烟雾，产生熏烤效果。 6

7 将火力提升至8，进入最后的烤制阶段。烤至幽庵腌渍料冒泡且变浓稠，就说明马上要烤好了。 8

8 烤至恰好呈现如图所示程度的烧色。 8

9 烤好的河豚。

# 河豚白子

○虎河豚的白子。每年年初的时候，就会有比较大的白子上市。

○作为烤物时，尽量选择柔软饱满的较大的白子。判断鲜度，以表面富有弹力和色泽美丽为标准。直接整颗穿成烤串来烤的情况也有，但是我个人更喜欢切成略有厚度的片再烤。像烤年糕一样，可以在切面上烤出看起来十分美味的透着金黄色的焦痕。

○烤之前不需要撒盐，推荐配搭红叶泥（即加了红辣椒碎末的呈红色的白萝卜泥）和日式柑橘醋（也被称为柚子醋，多由柑橘类果汁、酱油、味淋、清酒、海带、鲣鱼干片等制成）。

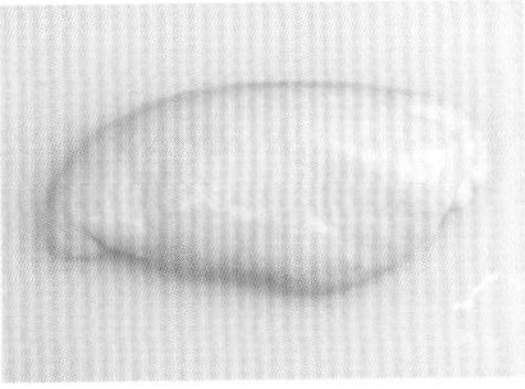

虎河豚的白子。选择有着美丽的白色、饱满有弹力的白子。

［穿串］

**1** 切成想要的厚度的片。这里切成了2 cm厚的片。

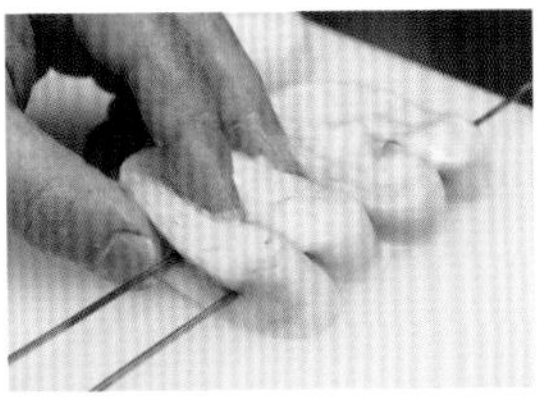

**2** 在白子片一半厚度的位置刺入烤扦，小心不要戳烂白子。

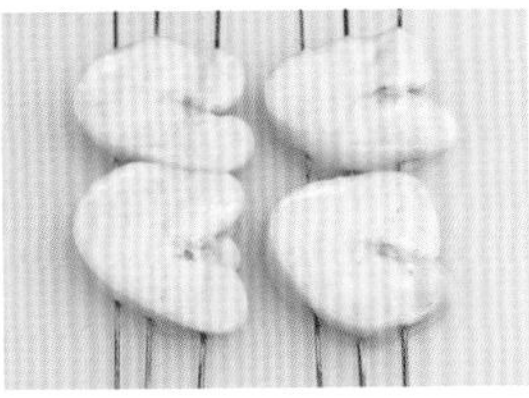

**3** 按照右侧、左侧、中间的顺序穿入烤扦。若采取盐烤，则在穿串之后撒上盐。

［烤制］

**1** 将火力调整为中火5，开始烤制。若使用大火炙烤，会出现里面还没有烤好而外面就已经焦了的情况。5

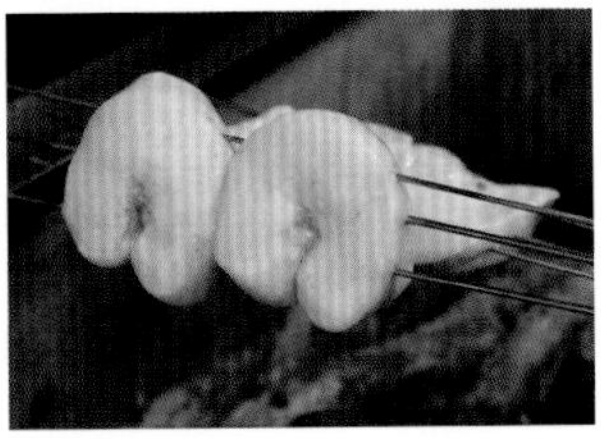

**2** 将朝下一面烤至4~5成熟后翻面，可以看到翻面后朝上的这面表面已经渐渐变干。注意保持火力不要变小。5

**3** 烤至如图所示开始出现焦痕时翻面。另一面（之前朝上的那面）因为表面已经烤干，所以不需要烤太长时间。4

**4** 触摸表面，能感觉到白子的内部已经咕嘟咕嘟沸腾。感觉到沸腾就说明已经烤熟。4

**5** 进入最后的烤制阶段。把烧得通红的炭堆积起来，烤出焦痕。5

**6** 翻面，继续烤出焦痕。5

**7** 烤好的白子。

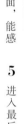

饱满松软的热乎乎的白子，
内部咕嘟咕嘟沸腾着，
有着入口即化的绵软

# 金枪鱼鱼腩

炙烤

撒盐→炙烤

○带着烟熏香气的极具个性的金枪鱼鱼腩，建议搭配清爽的盐和山葵食用。

○不想在炙烤之后再浸入冰水中，所以为了不烤过头，分切后的鱼腩放入冰箱冷藏室中充分冷却是关键所在。另外事先冷却，也能享受到炙烤的表面与内部的温度差异。

○若事先将鱼腩置于常温下，则烤制之前脂肪部分可能就已变软，要特别注意。

［分切］

将鱼腩切成180 g的刺身用的那种大块鱼片。使用前要一直放在冰箱冷藏室中充分冷却。

［穿串］

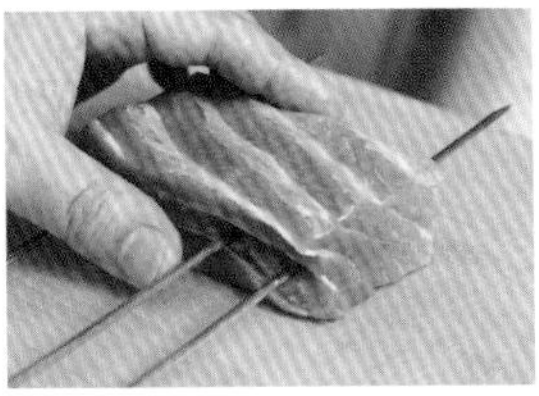

**1** 在鱼片一半厚度的位置，刺入粗扦。

**2** 右侧1根、左侧1根、中间2根，共穿入4根粗扦。

［撒盐］

烤制前，才在表面略微撒些盐。残留的盐粒，能让烧色显得更漂亮。

［炙烤］

**1** 因为想用大火一口气炙烤完成，所以火力调整至大火10。将烧得通红的炭高高堆积起来。用扇子扇风让炭烧得更红。 10

**2** 将鱼腩片贴近炭火，一直炙烤表面。用扇子扇风保持大火。 10

**3** 单面烤至如图所示的程度即可（约1成熟）。 10

**4** 翻面，另一面也以同样的大火10来炙烤。 10

**5** 因为炭火的温度会逐渐上升，所以调整炭使其堆积得稍低一点，以保持同样的大火10的火力。 10

**6** 烤制完成。推荐搭配盐和磨成泥的山葵一起食用。

带着烟熏香气的金枪鱼鱼腩，
那甜美的脂肪
一入口中即融化开来

# 真鲷 I

**盐烤**

撒盐→烤制

○鲷鱼脂肪少。如果开始时就用大火来烤，表面的蛋白质就会凝固变硬，脂肪少的情况下鱼肉内部就难以熟透。所以最重要的是，开始时要用小火来烤。

○因为脂肪少，加热时火力范围很受限制，所以属于较难烤的一种鱼。自然地，因为油脂滴落在炭上而升起的烟雾也很少，所以鱼肉就难以沾染上烟熏香气。

○鱼皮容易烤焦，所以主要烤鱼肉面。熟度以鱼皮面3成、鱼肉面7成为标准。

［分切、划刀口］

1 以三枚切（见22页）的方式处理后，再将每枚鱼身片分切成腹部和背部两部分（即五枚切，见90页）。

2 在鱼皮上划出细刀口，然后再分切成片。

3 一片约重80g。

［撒盐］

铁盘内撒上薄薄一层盐，鱼皮面朝下摆上鱼片，再从上方撒上薄薄一层盐。在常温下静置1小时。

［穿串］

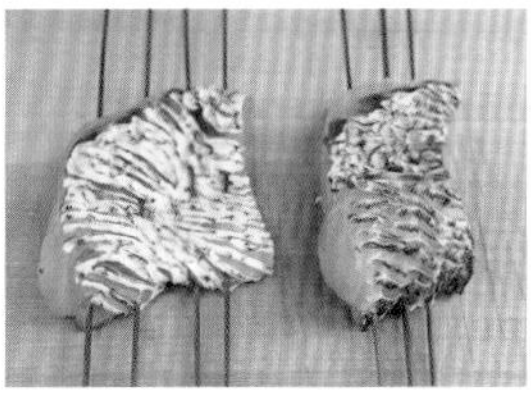

腹部比较薄的部分折起来，让鱼片呈起伏状穿在烤扦上。根据鱼片的大小来决定烤扦的数量。图中左边是腹部一侧的鱼片，右边是背部一侧的鱼片。

从内侧开始膨胀鼓起，
热腾腾的清淡滋味

## ［烤制］

**1** 最初以小火2，从鱼皮面开始烤。因为属于脂肪少的肉质，蛋白质容易凝固变硬，所以开始时要用小火烤。2

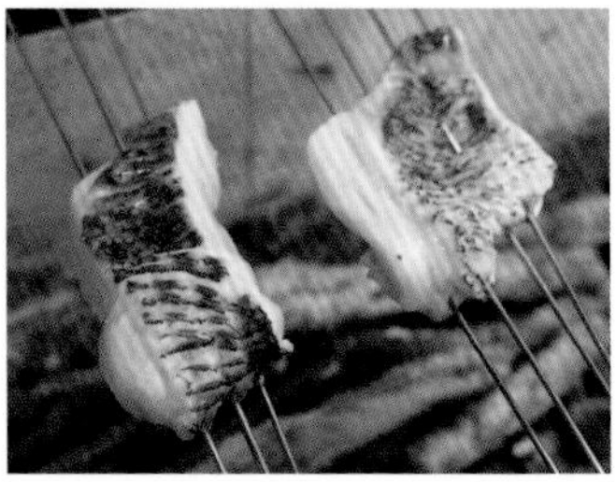

**2** 鱼皮面烤出如图所示程度的烧色时，大概就有2成熟了，翻面烤鱼肉面。2

**3** 将火力提升至3，翻面。3

**4** 烤鱼皮面。鱼皮容易烤焦，要特别小心。3

**5** 将火力提升至4，烤鱼肉面。边烤边移动烤串，让鱼片均等受热。4

**6** 鱼肉面烤出如图所示程度的烧色时，把炭堆积起来使火力提升至6。6

**7** 继续烤鱼肉面。6

**8** 鱼肉面烤出如图所示程度的烧色时，翻面烤鱼皮面。将火力提升至7，把鱼皮烤至酥脆，进入最后的烤制阶段。7

**9** 鱼皮面烤至如图所示整体呈现焦黄色泽时，就算是烤好了。

# 真鲷 II

## 烤全鱼

撒盐→烤制

○以优美的游水姿态和自然的鱼身形状为重点，将全鱼穿起来烤制。烤全鱼，追求的就是形态之美，所以为了避免鱼身散形或破碎，要尽量减少翻面的次数。另外，要将背鳍立起来，而胸鳍、腹鳍、尾鳍等预先用铝箔纸包裹起来以免烤焦。但要注意，若铝箔纸太厚重，则可能会造成鳍的损坏。

○除骨头之外的部分都能食用，要充分地烤熟。为了使内部也充分烤熟而表面却不烤焦，要用小火来慢慢烤。这里我们使用350g的小型真鲷。

［清理、划刀口］

**1** 将真鲷去除鱼鳃、刮净鱼鳞。

**2** 在摆盘时朝下的那面（背面）的腹部处斜着切一刀。若沿着腹部正下方来切，因为肉很薄就会容易破。

**3** 从切口处取出内脏。腹部内侧用牙刷轻轻刷干净，用清水冲洗干净血水及脏物，再彻底擦干。

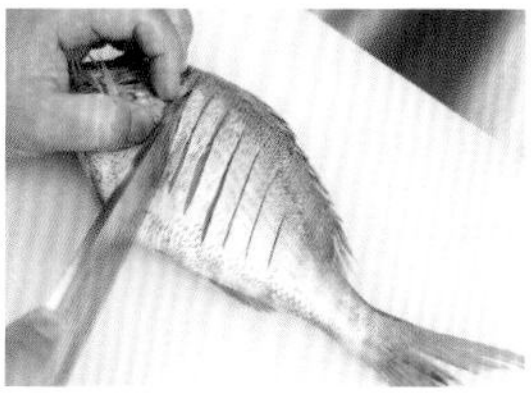

**4** 正面和背面分别斜着划出7道浅浅的刀口。

［撒盐］

铁盘内撒盐，装盘时的正面朝上摆上真鲷，再从上方撒盐，在常温下静置30分钟，让盐充分入味。

［穿串］

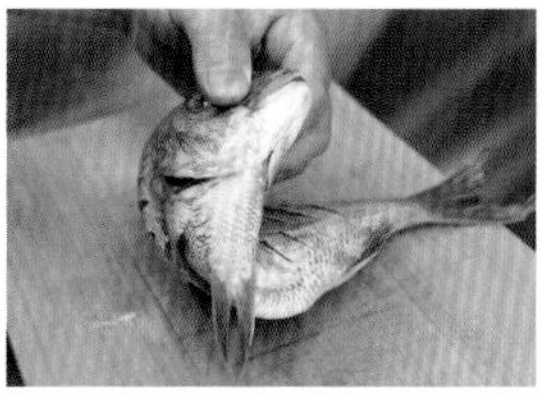

**1** 装盘时的正面朝上放于砧板上，手拿着鱼头弯折鱼身。

**2** 在背面的鱼头和鱼身的连接处，向下刺入烤扦。

**3** 将鱼身翻转放平，在距离刚才刺入处约2根拇指宽的位置穿出。这之间的距离越短，头部就会越往上扬起。

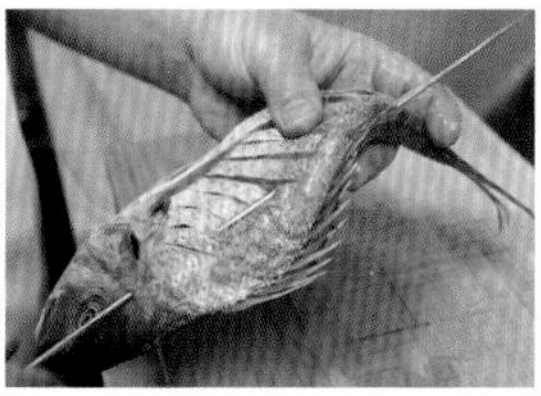

**4** 再次刺入烤扦并穿过中骨下方，从接近尾鳍处穿出。要注意烤扦不要从正面穿出。

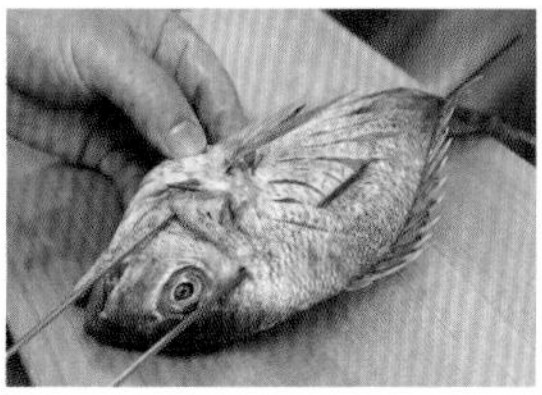

**5** 再穿入1根烤扦，压住鱼鳃盖从其上方刺入，从胸鳍后面一些的位置穿出。

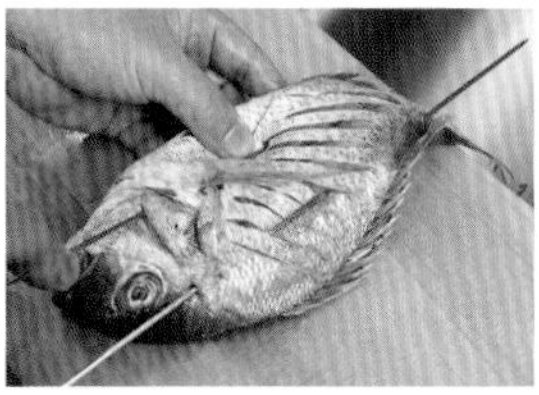

**6** 将烤扦穿过腹部切口的上方，按压着切口刺入。

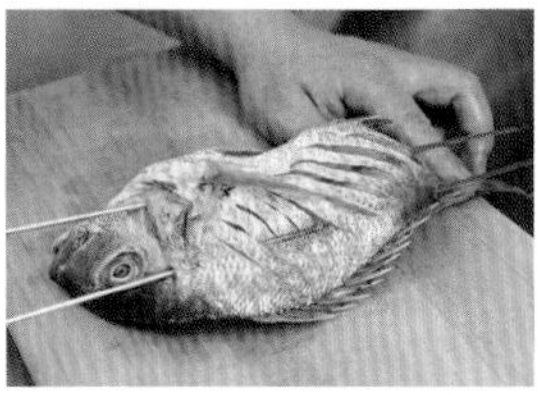

**7** 与之前的烤扦平行地穿过，在接近尾鳍处穿出。

**8** 拔掉背鳍的第1根刺。

**9** 展开背鳍，将拔掉的第1根刺在背鳍第2根刺的根部位置斜着向下刺入，使背鳍整体立起来。如果是大型的真鲷，胸鳍也可以用牙签刺入使其立起来。

**10** 用铝箔纸包裹胸鳍、腹鳍、尾鳍，以免被烤焦。

［烤制］

**1** 将火力调整为小火2。在炭上盖灰，调整成小火的状态。因为是带着骨头的整鱼，所以要慢慢地提升温度。🔥2

**2** 从装盘时的正面开始烤。尾鳍向下弯折，使用铁棍来帮忙整好形状。🔥2

**3** 待形状基本固定下来后移走铁棍，继续用小火烤。为避免损坏固定好的形状，最好不要太过频繁地翻面。🔥2

**4** 烤出如图所示程度的烧色后，翻面烤背面。这个阶段尾鳍部分已经熟了，形状也完全固定下来了。🔥2

**5** 背面也烤出与步骤4同样程度的烧色，翻面烤正面。这个阶段整体已经有7至8成熟。为了尽快逼出脂肪，把炭堆积起来，将火力提高至3。炭不要堆积在鱼尾部和头部的下方，而是要集中在身体的下方。🔥3

**6** 把火力再提高至3~4，将正面身体的部分烤出焦痕。🔥3~4

**7** 翻面，将背面也烤出焦痕。🔥3~4

**8** 烤好的真鲷。拆掉鳍上的铝箔纸后装盘。

带着骨头的烤全鱼，
拥有鱼片无法相较的脂香和美味

# 鲳鱼 I

## 幽庵烧

腌渍→烤制→刷酱烤制→静置20分钟→刷酱烤制

○鲳鱼是呈现金属质感的银色的扁平形状的高级鱼类。在日本较为闻名的鲳鱼产地有和歌山县、濑户内海及高知县等，在日本关西地区鲳鱼是非常受欢迎的鱼类。鲳鱼以前在日本关东地区使用不多，但因为物流发达，最近也经常会出现在市场上。

○这里使用的是2.5 kg的大型鲳鱼，是水分含量较少、肉质紧密、富含细腻脂肪的上品。

○鲳鱼肉质紧密嫩滑，表面难以附着酱料，所以相比蓝点马鲛鱼需要刷更大量的酱料。另外，鲳鱼比蓝点马鲛鱼脂肪更少，所以也更难烤上烧色，翻面的次数会更多。

○途中要移离炭火静置20分钟，因为比蓝点马鲛鱼的水分含量少，余热进入内部的量也会较少。所以要在最后的烤制阶段来补充受热的不足。

【腌渍料】

幽庵腌渍料　适量

味淋　2份
清酒　1份
浓口酱油　1份

日本柚子圆切片　适量

※幽庵腌渍料，将味淋和清酒混合后煮沸，使酒精挥发，静置放凉后再加入浓口酱油，混合均匀即制成，做法详见15页。

【烤酱】

幽庵腌渍料　适量
日本柚子皮碎末　适量

※在幽庵腌渍料中加入日本柚子皮碎末，混合均匀即制得烤酱。

【分切】

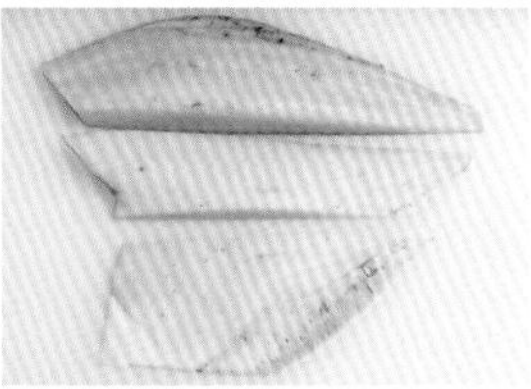

1 将鲳鱼以三枚切（见22页）的方式处理好，再将一枚鱼身片切成3等份。如果是较小的鱼，将一枚鱼身片切成2等份即可。

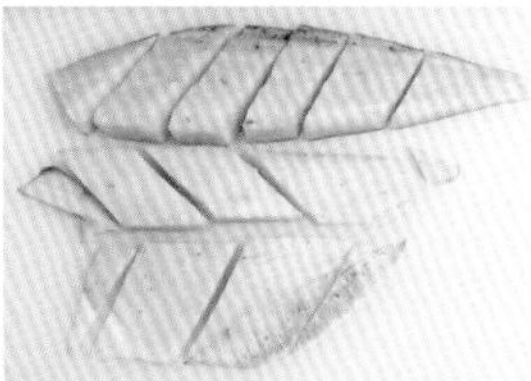

2 在这基础上再切成更小的鱼片。背侧的肉一片70 g；腹侧的肉，富含脂肪，可以一片60 g为标准。两端的鱼片形状不适合作为烤物，不再使用。

3 在鱼皮面上划出细刀口。油脂会从刀口处溢出，让鱼肉烤得焦香酥脆。

【腌渍】

1 将鱼片浸泡在幽庵腌渍料中，再放上日本柚子圆切片。盖上厨房用纸，让浸透幽庵腌渍料的厨房用纸均匀裹住整体表面，在常温下静置1.5小时。

2 从幽庵腌渍料中取出的鲳鱼片。

【穿串】

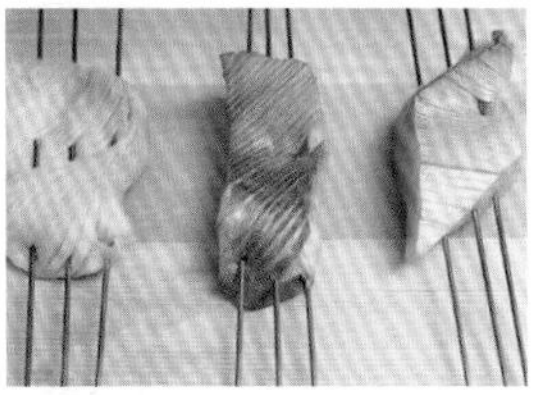

穿好烤扦的鲳鱼片。鱼片较薄的部分单边折起（片褄折）后刺入烤扦，弯曲鱼片使其呈波浪状穿在烤扦上。图中左边是腹侧的鱼片，中间是背侧的鱼片，右边是正中间部分的鱼片。

被烤酱慢慢浸润的
细腻优质的鲳鱼肉

[烤制]

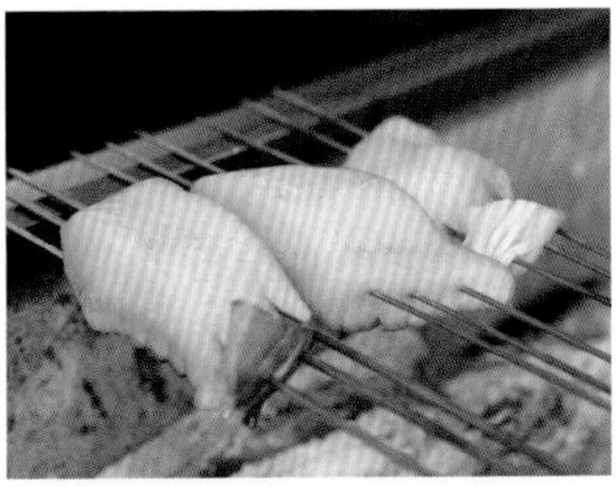

**1** 从鱼皮面开始烤。因为容易烤焦，所以火力调整为小火2。为使烤酱能更好地附着，烤干表面。 2

**2** 鱼皮面开始略微烤上烧色之后，翻面烤鱼肉面。这个阶段鱼皮面已经有2成熟了。 2

**3** 用刷子在鱼皮面刷上烤酱。烤酱若滴落在炭上则火力会下降，所以要注意及时加炭以保持火力。 2

**4** 鱼肉面烤至2成熟之后，翻面烤鱼皮面，同时鱼肉面用刷子刷上烤酱。鱼皮面烤至3~4成熟后，再一次在鱼肉面刷上烤酱，然后翻面烤鱼肉面。 2

**5** 在鱼皮面刷上烤酱。鱼肉面也烤至3~4成熟。 2

**6** 为避免变干，鱼片两面都刷上烤酱，然后将烤串移离炭火，静置20分钟。

**7** 将火力调整至3~4，静置之后的烤串从鱼肉面开始烤。在鱼皮面刷上烤酱。 3~4

**8** 翻面，在鱼肉面也刷上烤酱。 3~4

**9** 鱼皮面烤干之后翻面。重复数次刷烤酱、翻面的操作，直至烤出带有光泽感的烧色。 3~4

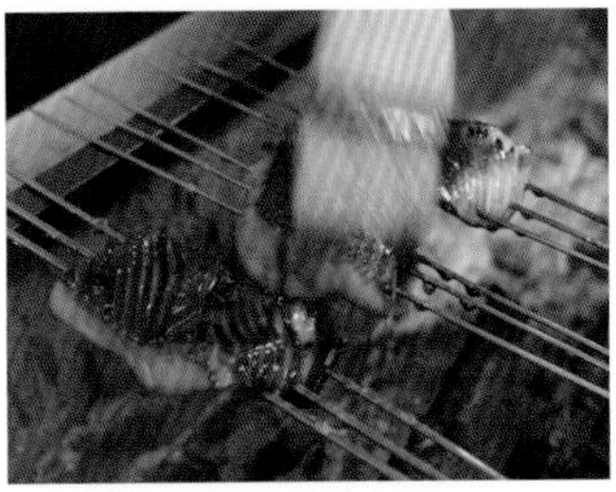

**10** 进入最后的烤制阶段。将火力提升至6左右。鱼皮面和鱼肉面交换翻转着刷上烤酱并烤干。 6

**11** 烤好的鲳鱼。烤扦要一边转动着一边拔出来。

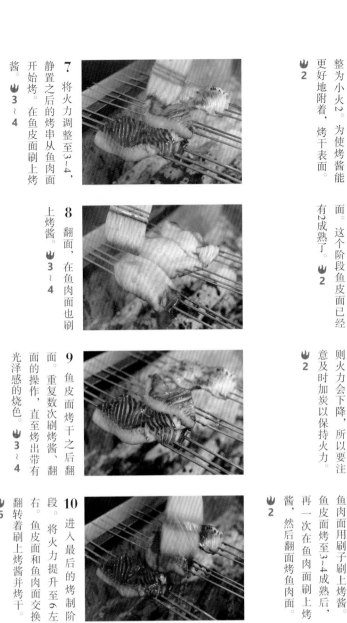

# 鲳鱼Ⅱ

## 味噌幽庵烧

腌渍→烤制→淋酱烤制→静置20分钟→淋酱烤制

○幽庵腌渍料中加入味噌，味道会更有层次。

○一边刷烤酱一边烤，利用余热静置20分钟温和加热，让肉质变得更加软嫩滋润。装盘时从上方撒上日本柚子皮碎末，与有着强大吸引力的味噌幽庵腌渍料构成味道和视觉上的双重惊喜。

※到穿串为止的准备工序，可参照幽庵烧（见144页）的操作，但是腌渍料改为味噌幽庵腌渍料。

［味噌幽庵腌渍料］

幽庵腌渍料　800 mL

白粒味噌　300 g

※幽庵腌渍料（见144页）中加入白粒味噌后混合均匀。

［烤酱］

幽庵腌渍料　800 mL

白粒味噌　600 g

日本柚子皮碎末　适量

※幽庵腌渍料（见144页）中加入白粒味噌和日本柚子皮碎末后混合均匀。

［烤制］

**1** 从鱼皮面开始烤。表面烤干之后，就容易附着上烤酱。

2

**2** 鱼皮面稍微烤上烧色且变干之后，翻面烤鱼肉面。这个阶段鱼皮面大概已有2成熟。

2

**3** 两面都烤干后，淋上烤酱。

**4** 烤酱若滴落在炭上则火力会下降，所以移动调整炭来提升火力。鱼片比较薄的部分和比较厚的部分如果想要同时烤熟，可以通过把薄的部分移至火力较弱的地方来调节。

3～4

**5** 从鱼肉面开始烤。 3~4

**6** 烤至3成熟左右后翻面，烤鱼皮面。为了保持火力，要及时加炭。 3~4

**7** 烤至3成熟左右后再翻面，烤干鱼肉面。 3~4

**8** 烤干鱼肉面之后从炭火上移离，整体都淋上烤酱。

**9** 鱼肉面烤至4成熟。 3~4

**10** 翻面，鱼皮面也烤至4成熟。 3~4

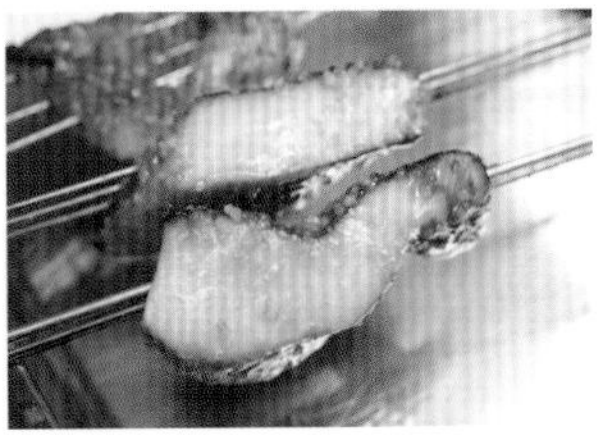

**11** 为避免表面变干，鱼皮面淋上烤酱之后，将烤串移离炭火静置20分钟。

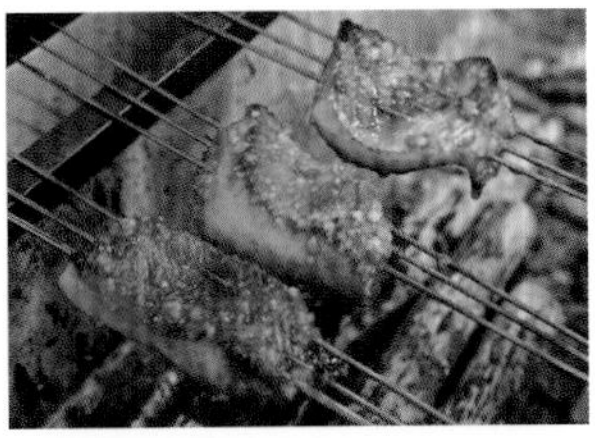

**12** 从鱼肉面开始烤。如果从鱼皮面开始烤，烤酱会滴落，火力太大烤酱也有可能烤焦，所以先烤鱼肉面来确认火力大小。 3~4

**13** 翻面，烤鱼皮面。 3~4

**14** 整体都淋上烤酱。

**15** 从鱼肉面开始烤。添加烧好的炭以稍微提高一些火力。若继续用3~4的火力来烤，水分蒸发掉过多，鱼肉就会变得疏松。 4

**16** 翻面之后将火力调整至6~7。烤酱中加入了味噌，比没有加入味噌的酱料更能保持水分，温度从而难以上升，所以要用略大的火来烤。 6~7

**17** 整体都淋上烤酱，将鱼肉面、鱼皮面都烤干后，把烧得通红的炭堆积起来，将火力提高至8~9。其间翻面数次。 8~9

**18** 最后用大火将味噌的生涩味充分烤去，烤至焦脆的状态。 8~9

最后
烤得焦香酥脆的味噌

# 鲳鱼Ⅲ

## 味噌渍烤

撒盐→腌渍→烤制→刷味淋

○味噌床是由味噌、清酒和味淋制成的。清酒的比例越高，烤后酒味就越明显；相反地，若只加入味淋，鱼肉中的水分就会过度蒸发，鱼肉就会收缩变硬。因此最重要的就是，调整出可以让各种调味料最大限度发挥优点的最优配比。

○采用味噌渍烤时，腌渍时鱼肉中的多余水分已被去除，烤制需花费时间，为了不烤焦主要用小火慢慢烤。

［味噌床］

白粒味噌　2 kg
味淋　215 mL
清酒　50 mL

※往白粒味噌中加入味淋和清酒时，要分几次一点点少量加入，并用手持打蛋器充分拌匀。

［撒盐］

铁盘内撒上薄薄一层盐，摆上鱼片（一片80 g），再从上方撒盐，在常温下静置1小时。

［腌渍］

**1** 铁盘内放入味噌床，摊开抹平。

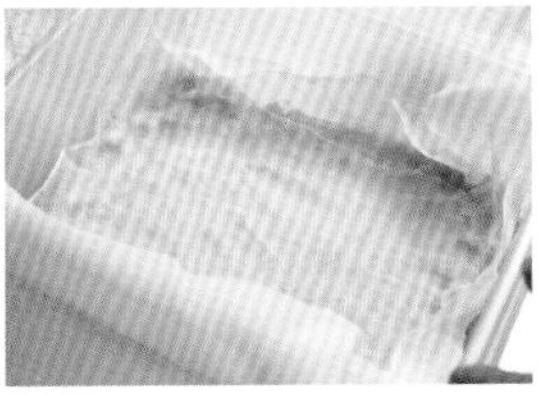

**2** 盖上一块纱布。靠近自己的纱布一端，因为要反折盖住鱼肉，所以要留长一些。

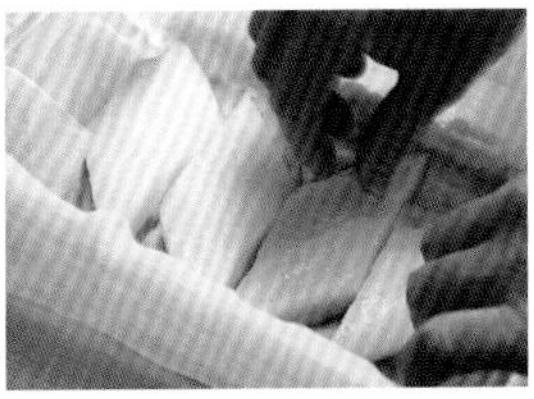

**3** 鱼皮面朝下，将鱼片不重叠地在纱布上排列好。

**4** 把靠近自己的纱布一端反折覆盖住鱼肉。

**5** 铺上较厚一层的味噌床，摊开抹平。味噌床是从上方渗透到下方的，所以上面铺得厚一些，下面则铺得薄一些。盖上纱布后放入冰箱冷藏室中腌渍。

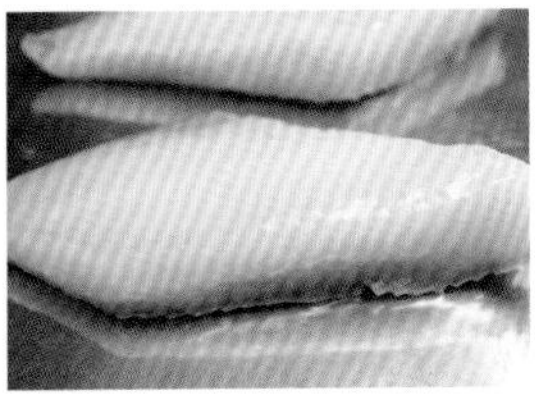

**6** 腌渍3日后再使用。腌渍时在密封容器上标注好鱼的种类和腌渍起始日期，会比较方便使用。

慢慢渗入鱼肉中的味噌
与上等脂肪达成绝妙平衡

## [穿串]

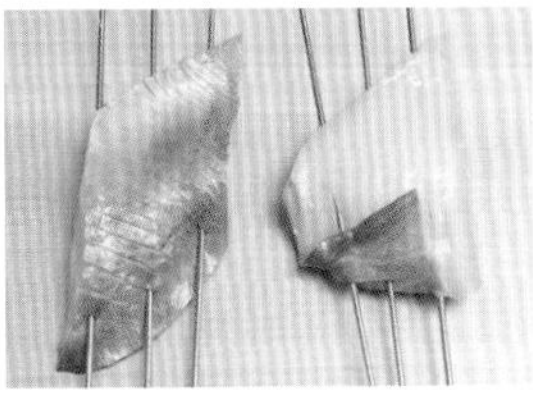

从右侧开始穿入烤扦，再按左侧、中间的顺序穿入烤扦。肉比较薄的腹部部分，单边折起后穿入烤扦。

## [烤制]

**1** 比起烧得通红的炭，使用烧至炭周围带有白灰程度的炭来烤火力正好。 2~3

**2** 从鱼皮面开始烤。 2~3

**3** 稍微烤上烧色之后翻面，烤鱼肉面。 2~3

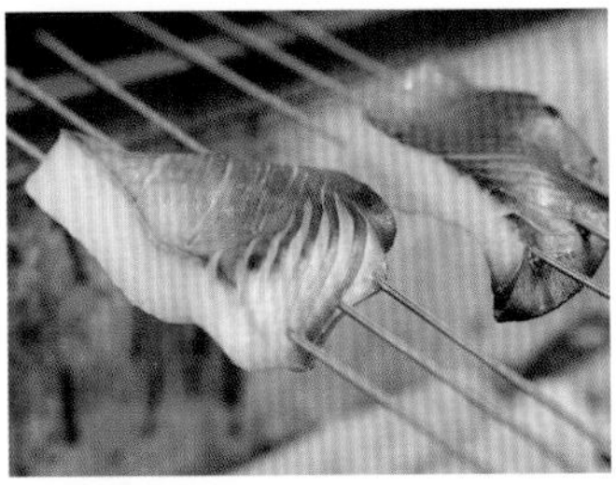

**4** 观察侧面，鱼肉面烤至如图所示的程度就翻面。 2~3

**5** 烤鱼皮面。 2~3

**6** 烤至表皮的烧色变得浓郁之后翻面，烤鱼肉面。鲳鱼比蓝点马鲛鱼的肉更薄，所以相较之下翻面的次数也更少。 2~3

**7** 将火力提升至3~4，用刷子在鱼皮面刷上味淋。味淋滴落时会立刻升起烟雾，产生熏烤效果。 3~4

**8** 翻面，在鱼肉面也刷上味淋。 3~4

**9** 翻面再烤下鱼肉面，烤制完成。烤至尚未变焦但呈现光泽感的程度就可以了。 3~4

# 第3章 肉类与蔬菜

# 牛里脊

**盐烤**

撒盐和胡椒粉→烤制→小火上静置

○与西冷相比，里脊脂肪更少、肉质更软嫩。即便同样是牛肉，根据部位不同烤制的方式也会有变化。

○脂肪多的牛肉部位，肉中的脂肪可使蛋白质受热，所以肉容易熟透，一般无须用太大的火烤制；但是像里脊这样脂肪少的部位，如果不适当加强火力，肉的内部就可能受热不足。因此用大火烤到一定程度后再把火力调小，利用大火烤时的余热，让肉的中心继续受热。

[穿串]

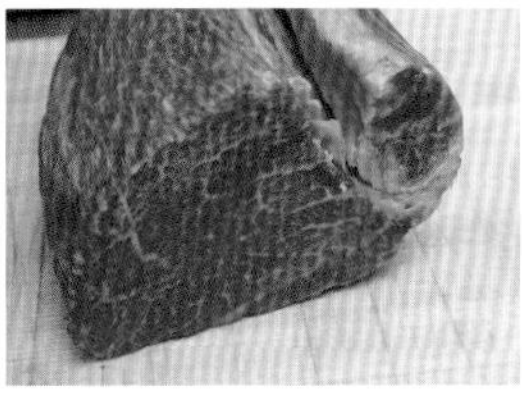

200 g的里脊。厚度约为3.5 cm。在大约一半厚度的位置刺入烤扦。首先从右侧开始穿。接着按照左侧、右侧第2根、左侧第2根，最后中央的顺序来穿烤扦。这样穿烤扦是为了避免在烤制过程中肉散开。撒上盐和胡椒粉，在冰箱中冷藏1小时让肉入味。

[烤制]

**1** 将火力调整为大火8。这阶段主要是加热表面。 8

**2** 油脂开始滴落到炭上，会有烟雾升起。 8

**3** 从侧面观察，若表面已经开始变色，就说明翻面的时机已到。 8

**4** 表面烤至如图所示的熟度后翻面。之后重复数次翻面、烤制的操作，让肉熟到一定程度。 8

**5** 用手指按压来确认肉的弹性，以判断变熟的程度。 8

**6** 调整烧烤台中的炭床，将某处的火力降低为2（减少炭的数量），然后将烤串移到此处。进入最终调整熟度的阶段。 2

**7** 使用这样小的火力，油脂即使会滴落一些，也不会引发火焰冒出。 2

**8** 烤好之后拔掉烤扦的里脊。

烤出一咬就断的软嫩牛肉
全靠火候的控制

# 牛臀尖肉

盐烤

撒盐和胡椒粉→烤制

○臀尖肉是在西冷部位后面的『臀肉』部位的一小部分。臀肉较大较厚的部分霜降脂肪相对少，臀尖周围较薄的部分则有更多的霜降脂肪，并且肉质结实，入口后越咀嚼越美味。臀尖肉兼具西冷和臀肉的优点，是既有霜降脂肪的甜美又有瘦肉的美味的一个部位。

○为了享受到食材本身的美味，这里采用简单的盐烤方式。

臀尖肉。

［穿串］

分切，一块约180 g重、3.5 cm厚。从右侧开始穿入4根烤扦。撒上盐和胡椒粉，静置1小时。

［烤制］

**1** 将火力调整至3，开始烤制。 3

**2** 烤至1.5成熟之后翻面。火力保持在3。 3

**3** 这一面也烤至1.5成熟，再次翻面。 3

**4** 数次翻面烤制，保证两面均等受热。 3~4

**5** 稍微拔出一点烤扦，确认肉块内部的温度。 3~4

**6** 进入最后的烤制阶段。表面整体烤出看起来很美味的烧色后就烤好了。 3~4

**7** 烤制完成。

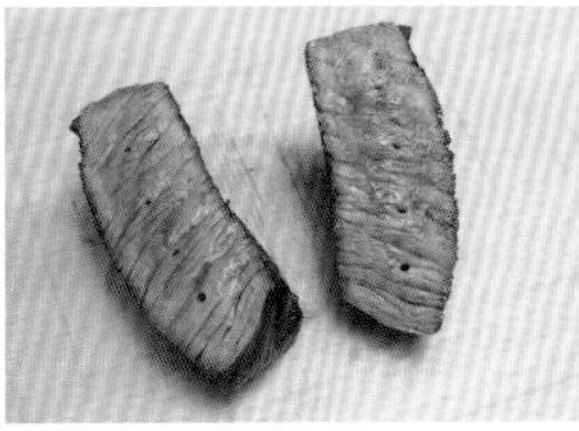
**8** 纵切面。

恰到好处的咀嚼口感、
在口中四溢的肉汁

# 牛后腿肉 I

味噌幽庵烧

腌渍→烤制→淋酱烤制→静置5分钟→淋酱烤制→盖铝箔纸→烤制

○使用位于后腿肉内侧的叫作『和尚头』的瘦肉部位。一般后腿肉的肉质比较粗硬，但是和尚头的特点却是非常嫩。

○因为比西冷的味道要寡淡一些，所以试着用味噌幽庵烧的方式来烤。烤制期间将烤串移离炭火静置一次，利用肉表面的烤酱的余热让肉继续受热。同时烤酱的味道也会进一步融入肉中。

○因为是脂肪少的部位，烤制时难以形成烟雾，所以盖上铝箔纸来包裹住香气。可能有人觉得味噌容易烤焦，但其实用炭火烤肉时淋上烤酱，反而可以降低肉的表面温度，所以不用太过担心烤焦，最后阶段用大火烤好。

使用后腿肉内侧的『和尚头』部位。

因为是瘦肉部位，切成方便使用的较薄的块，厚约3mm。一块约220g。

［味噌幽庵腌渍料］

幽庵腌渍料　200 mL

白粒味噌　150 g

［烤酱］

幽庵腌渍料　150 mL

白粒味噌　150 g

※幽庵腌渍料，将2份味淋和1份清酒混合后煮沸，静置放凉后再加入1.5份浓口酱油，混合均匀即制成，做法详见15页。再加入白粒味噌混合均匀即制得味噌幽庵腌渍料或烤酱。

［腌渍］

1 为了容易入味，用烤扦在横切面上扎孔。

2 在味噌幽庵腌渍料中浸泡30分钟。

［穿串］

从右侧开始按顺序穿入烤扦。根据肉块的大小来增减烤扦的数量。使用粗扦。

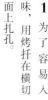

牛肉中充盈着
味噌幽庵腌渍料
那充满活力的美味

## 【烤制】

**1** 将火力调整至3左右的小火，开始烤制。 3

**2** 烤至表面变干且仅表面变熟后就立即翻面。 3

**3** 在烤干的表面淋上烤酱。如果不先烤干表面，则烤酱会很难附着。 3

**4** 烤酱烤至如图所示的干燥程度之后翻面。 3

**5** 在这一面也淋上烤酱。为了加热下面那面的烤酱，提高火力至4。虽然味噌容易烤焦，但是淋上烤酱后表面温度会下降，所以增强火力也无须担心。 4

**6** 表面的烤酱边缘处稍微有些变焦之后立刻翻面。图中所示为翻面之后的状态。 4

**7** 再重复一次淋酱、烤制、翻面的操作。 4

**8** 将烤串移离炭火，静置大约5分钟（只要稍微放凉一点即可）。在这个阶段肉块已经有2成熟。变热的烤酱会渗入肉块内部使肉持续受热，烤酱的味道也进一步融入肉中。静置之后会增加1成熟度。

**9** 再次将烤串架到炭火上。将火力提高至4~5。从上方淋上烤酱。 4~5

**10** 烤酱烤干之后翻面。图中所示为翻面之后的状态。味噌已经烤干，边缘处稍微有些变焦。 4~5

**11** 再次淋上烤酱，用大火烤表面。如果烤酱滴落，炭的温度会下降，所以要边烤制边适时地添加炭。 8~9

**12** 盖上铝箔纸，包裹住烟熏香气。这之后再重复翻面3次并淋上烤酱。烤制时一直保持铝箔纸盖着的状态。 8~9

**13** 拿掉铝箔纸，烤出如图所示程度的烧色，就算烤好了。 8~9

**14** 烤好的后腿肉及其纵切面。

# 牛后腿肉 Ⅱ

## 土佐烧

A 撒盐→烤制→用稻草熏烤（盖铝箔纸）

B 撒盐→用稻草炙烤

○这里介绍烤制脂肪少的牛后腿肉的『土佐烧』（见90页）的手法。这里会介绍两种烤制方式，这两种方式中都有利用稻草来烤制的工序。

○一种是用炭火只烤表面，最后阶段用稻草熏烤的方式A。还有一种就是直接用稻草的火焰去炙烤表面的方式B。方式A能利用炭火烤得恰到好处，但表面烤熟之后就难以沾染上烟熏香气。方式B很难烤熟肉类，但是能够让稻草的烟熏香气强烈地附着于肉上。

使用后腿肉的前三角（Tri-tip）部位。

［分切］

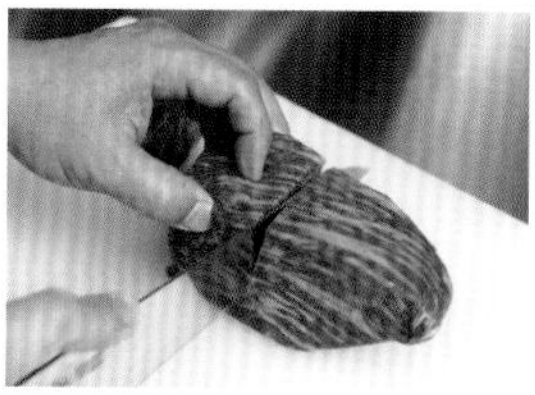

切成厚5 cm、一块180 g的肉块。厚一些比较容易控制熟的程度。

［穿串］

在一半厚度的位置穿入3根粗扦。按照右侧、左侧、中间的顺序穿入粗扦。

［烤制］ A 撒盐→烤制→用稻草熏烤（盖铝箔纸）

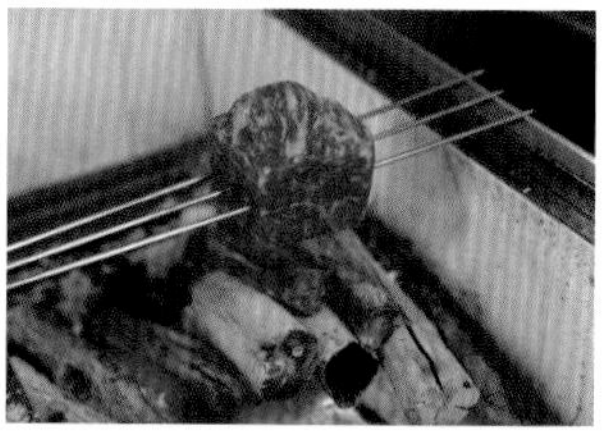

**1** 在肉块的表面撒上薄薄一层盐，将火力调整至8~9的大火。因为属于脂肪不多的部位，所以肉块内部较难受热，要用大火烤。 8~9

**2** 烤至单面1成熟（如图所示的熟度）之后翻面。 8~9

**3** 用扇子持续扇风，维持在火焰不会燃起而火力又保持大火的状态。这一面也烤至1成熟。 8~9

**4** 侧面也用大火烤至1成熟。 8~9

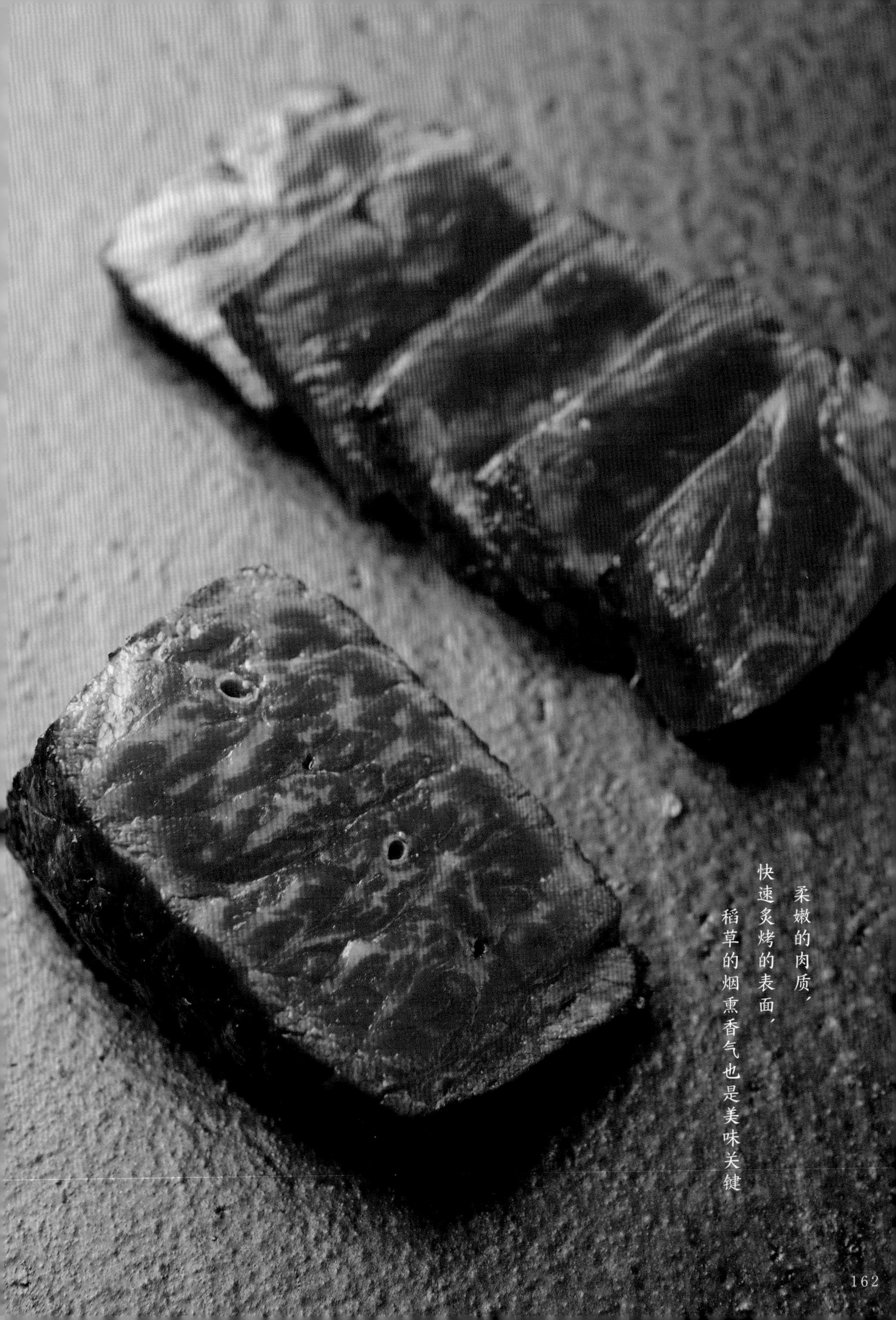

柔嫩的肉质，
快速炙烤的表面，
稻草的烟熏香气也是美味关键

**5** 相对的侧面也以同样的方式烤至1成熟。8～9

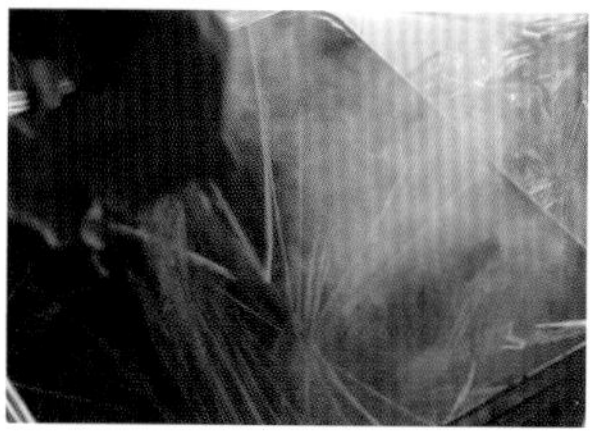

**6** 把一斗罐放到煤气灶台上，立着放入稻草，再放入烧得通红的炭，让烟雾升腾起来。

**7** 将表面已烤过的肉块烤串架在一斗罐上，盖上铝箔纸罩住烟雾进行熏烤。因为一斗罐中缺少氧气，所以不用担心里面会有火焰燃起。

**8** 把铝箔纸掀起一道缝隙，用扇子扇风，让烟雾充分升腾起来。其间可以把烤串翻个面。

**9** 熏烤3分钟左右后取出。

**10** 烤制完成。

**【烤制】** B 撒盐→用稻草炙烤

**1** 与方式A的步骤6一样，在一斗罐中放入稻草和炭，然后把撒了盐的烤串架在一斗罐上。这次不需要盖铝箔纸，让火焰燃起来炙烤肉块。

**2** 旁边准备好充足的稻草。因为温度会很高，所以要戴上防火手套来进行操作。

**3** 如果火焰有要熄灭的迹象，就适当地添加稻草。

**4** 翻面。移动烤串，使其总能贴近火焰。如果火焰熄灭了，可以吹气让火焰重新燃起。

**5** 适时调整烤串位置，让另一面和侧面都能贴近火焰，这样才能炙烤到位。

**6** 烤制完成。烤出的烧色会比方式A烤出的稍微深一些。

# 牛/赤肉品种 西冷

## 盐烤

撒盐和胡椒粉→烤制

○日本特有的和牛中，短角和牛和无角和牛的肉都被称为『赤肉』（即脂肪少的瘦肉型）。赤肉品种近来越来越受到关注。与黑毛和牛不同，赤肉品种的肉没有丰富的霜降脂肪，但是可以享受到牛肉原本的滋味，所以近来总是处于话题中心。我们就来试着烤一下这种赤肉品种的西冷吧。与有霜降脂肪的肉类相比，赤肉品种烧烤的方式当然会有所不同。

○虽说是西冷部位，但因为赤肉品种脂肪少，所以受热较为困难。但若是用大火来烤，赤肉的表面会被烤硬，热量就更难以传递到肉的内部，所以要用较小的火来烤。

赤肉品种的西冷。

［穿串］

切成厚3.5 cm、重200 g的厚片。在一半厚度的位置刺入烤扦。按照右侧、左侧、中间的顺序穿入烤扦。撒盐和胡椒粉之后放入冰箱冷藏室中静置1小时，使其入味。

［烤制］

**1** 将火力调整至小火3，开始烤。3

**2** 烤至这一面整体达到1.5成熟之后，翻面。3

**3** 烤至翻过来这一面也有1.5成熟之后，再次翻面。3

**4** 翻面数次之后整体大概有4成熟。将火力调整至3~4。用手指按压检查弹力，然后稍微拔出中间的烤扦，判断中心部位的温度。3~4

**5** 进入最后的烤制阶段。将火力稍微提升至4左右。烤至呈现看起来很香的烧色。4

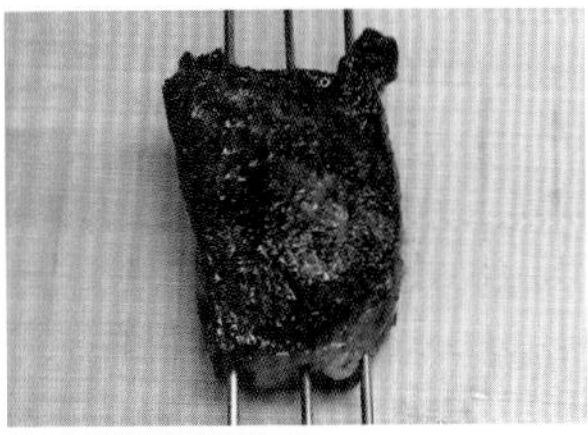

**6** 烤制完成。

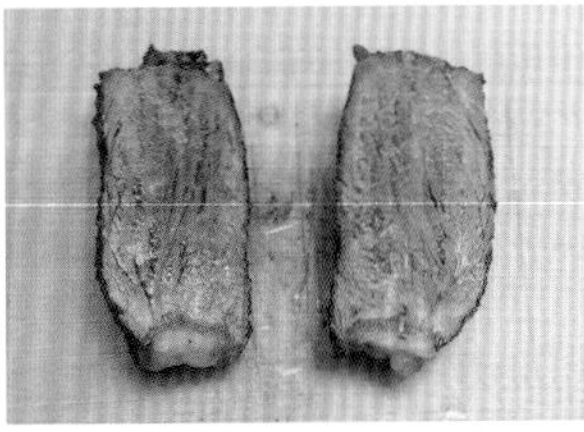

**7** 纵切面。

越嚼越香、
是属于赤肉的妙味精髓

# 鸭胸肉

幽庵烧

腌渍→刷酱烤制

○使用冬季储存了大量脂肪的鸭肉。鸭皮和鸭皮下的脂肪充分烤干，这是烤制的关键所在。鸭皮下的脂肪若有残留会有腥味，开始时持续用小火慢慢把鸭皮下的脂肪都逼出来。

○烤制时间的分配比例为，鸭皮面占7成，鸭肉面占3成。使用日本产的绿头鸭。

鸭胸肉也被称为『抱身』。一片125g。

［幽庵腌渍料］

味淋　3份

清酒　1份

浓口酱油　1.5份

※将味淋和清酒混合后煮沸，使酒精挥发，静置放凉后再加入浓口酱油，混合均匀即制成。做法详见15页。

［腌渍］

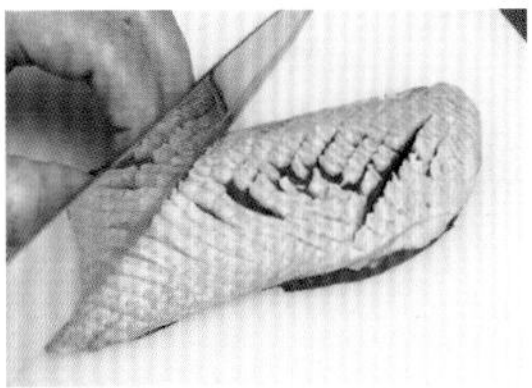

**1** 在整面鸭皮上划出格子状的刀口。连边缘处都仔细地划出刀口。

**2** 翻面，在鸭肉面用烤扦扎出数个孔洞。鸭皮面的刀口和鸭肉面的孔洞让肉更容易吸收腌渍料。

**3** 鸭皮面朝上将鸭胸肉浸泡在幽庵腌渍料中，盖上厨房用纸，使上部的鸭皮面也可以充分吸收到腌渍料，在常温下静置30分钟。

［穿串］

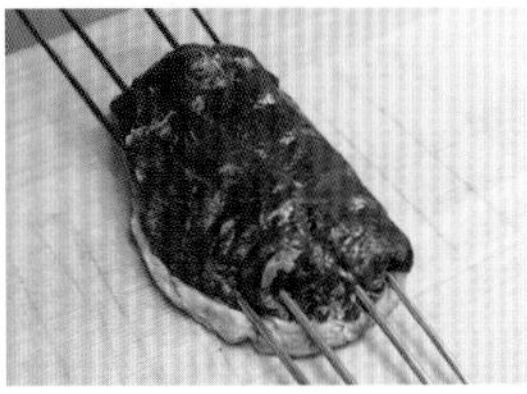

从右侧开始穿串。在肉一半厚度的位置穿入烤扦。

鸭皮酥脆，
鸭肉则还留着一丝血味

[烤制]

**1** 将火力调整至3，从鸭皮面开始烤。用小火慢慢烤，让鸭皮下的脂肪持续地被逼出来。 3

**2** 不时在鸭皮面刷上幽庵腌渍料，并继续烤鸭皮面。 3

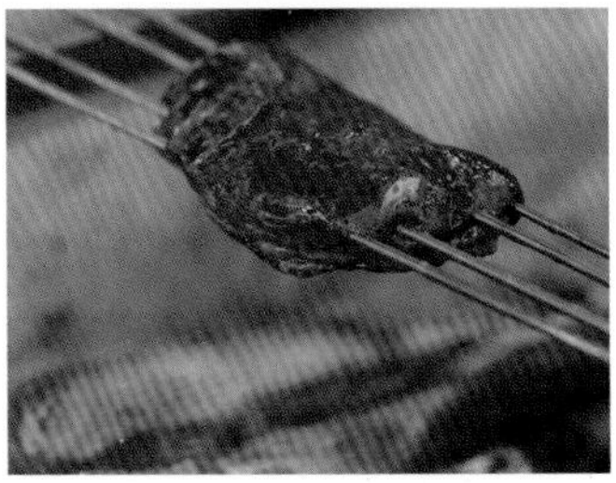

**3** 刷2~3次幽庵腌渍料后，将火力加强到5，继续烤鸭皮面。虽然还没有烤鸭肉面，但是在鸭皮面刷幽庵腌渍料时鸭肉面也会被炭火烤到，所以多少也会受热。 5

**4** 一边反复刷幽庵腌渍料，一边充分地把鸭皮面浮出的油脂烤干。如果不充分烤干鸭皮面的油脂，可能会有怪味留下来。 5

**5** 鸭皮面的油脂被充分烤干后，在鸭肉面刷上幽庵腌渍料，开始烤鸭肉面。重复数次刷幽庵腌渍料然后烤制的操作。 5

**6** 烤制完成。加热时间的比例为，鸭皮面占7成，鸭肉面占3成。

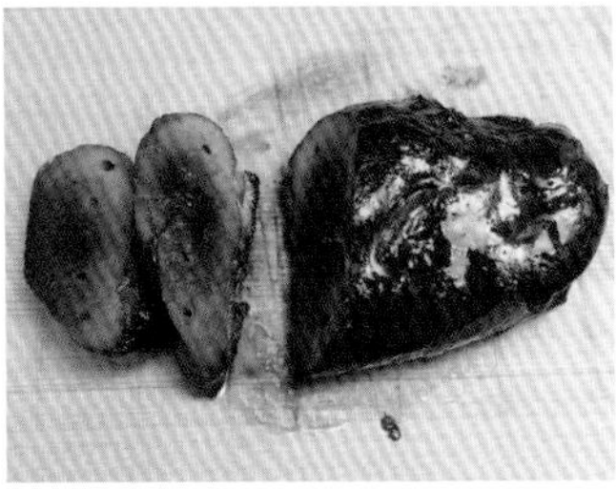

**7** 横切面。

# 鸡腿肉
## 骏河斗鸡

盐烤

撒盐→烤制

○知名品种鸡之一，是由被称为『纯系斗鸡』的品种，与比内鸡、名古屋鸡等7种鸡交配培育出的一种黑色斗鸡。肉质紧实，弹牙的绝妙嚼劲和醇厚的风味是其特点。

○因为肉本身风味醇厚，所以只用盐来烤更能强调其肉质本身的美味。油脂滴落到炭上产生烟雾，使烟熏香气附着于肉上。另外，将残余的脂肪用中火慢慢逼出来，使肉原本的美味更清晰地突显出来。

［预处理、撒盐］

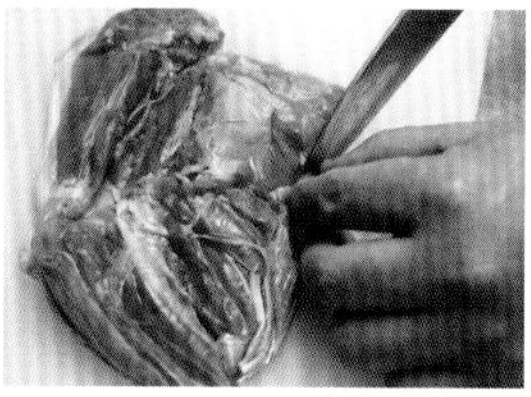

**1** 将腿肉内侧的脂肪切除掉。

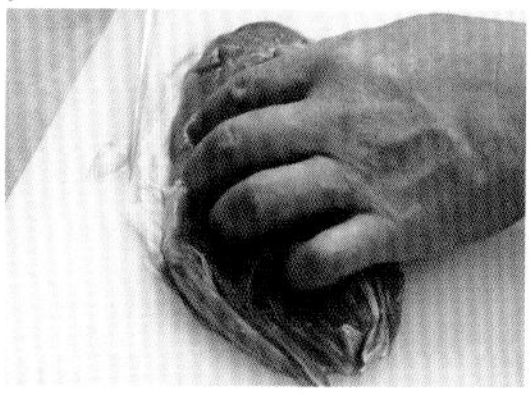

**2** 将腿肉外侧的脂肪也切除掉，调整形状。再适当去除掉多余的脂肪。一块93g。

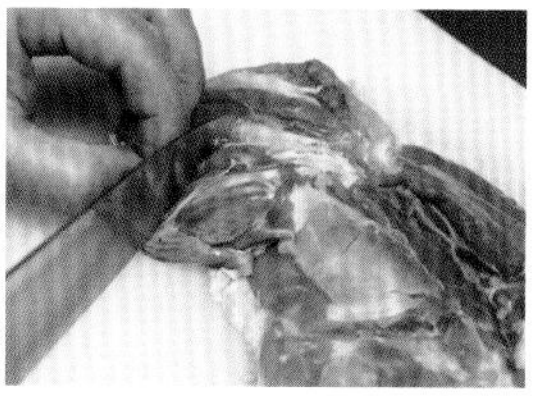

**3** 将与肉相连的筋都切断。如果不切断加热时会收缩。

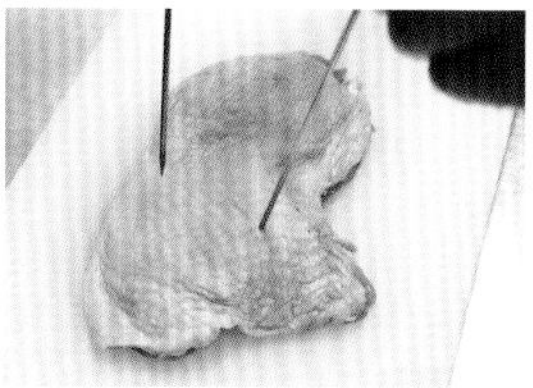

**4** 在整面鸡皮上用烤扦扎孔，好让味道容易渗入且也容易烤熟，还能防止鸡皮收缩。

**5** 撒薄薄一层盐，用保鲜膜盖好，常温下静置30分钟使其入味。图中所示为静置30分钟后的状态。

［穿串］

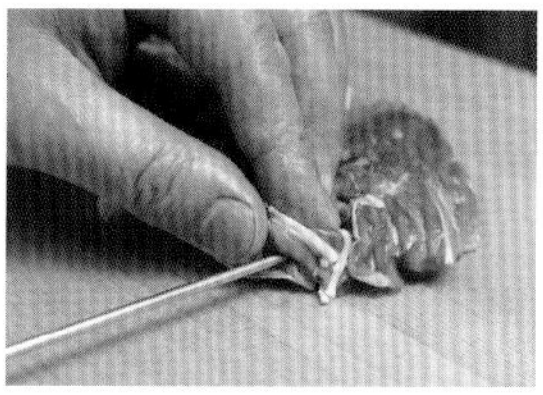

**1** 为避免肉散开，要用烤扦把每部分的筋肉都穿起来。

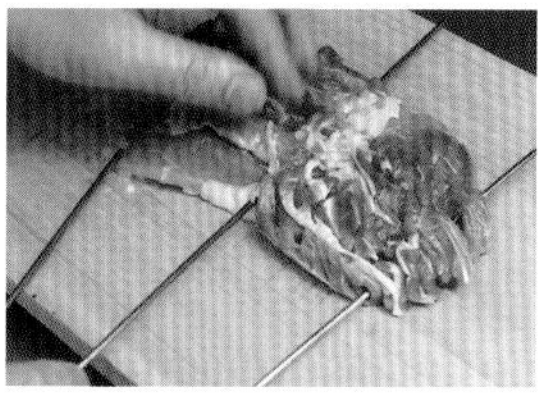

**2** 在关节处也穿上烤扦。

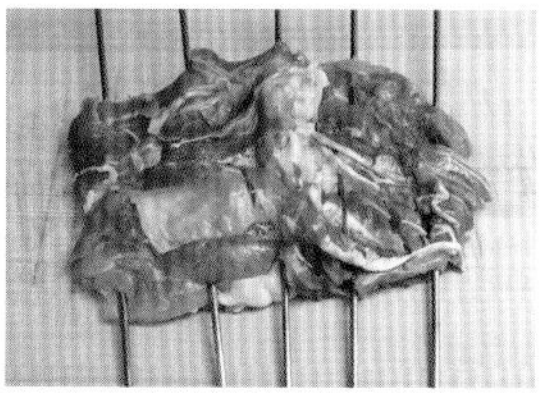

**3** 按右侧、左侧、中间的顺序各穿入1根烤扦后，再在2段间隔的中间各穿入1根烤扦。烤扦的数量可根据肉的大小适当增减。

**1** 把炭堆积起来，用大火10从鸡皮面开始烤。 10

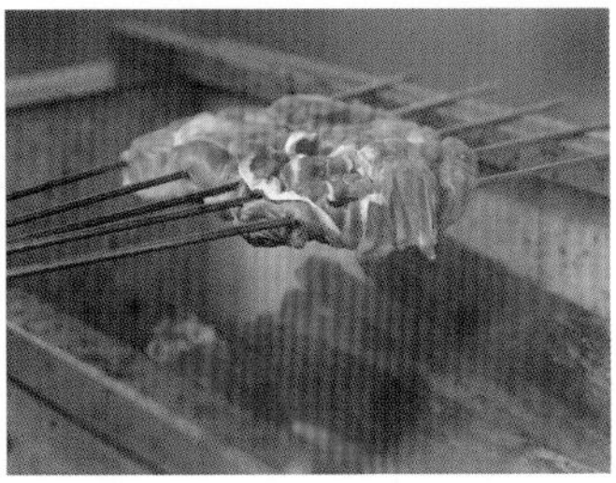

**2** 烤制中油脂和水会滴落到炭上，为了不让火力下降，要一边用扇子扇风一边烤。 10

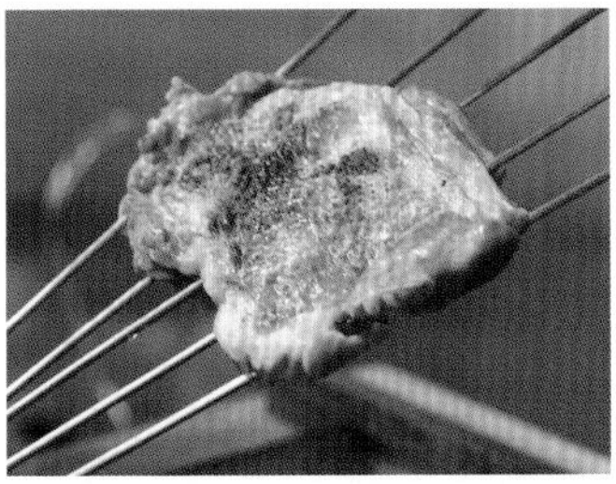

**3** 鸡皮面开始逐渐烤上烧色。这个阶段与其说是在烤肉，不如说是在烤表皮。再稍微烤一下直至表皮带上烧色。 10

**4** 烤出如图所示程度的烧色之后，将烤串移至火力为中火4的位置，烤鸡肉面。 4

**5** 用中火慢慢烤，把肉中的残余脂肪都逼出来。 4

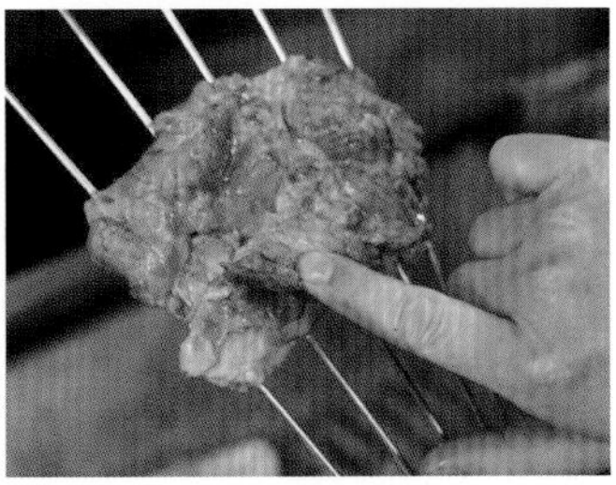

**6** 用手指按压确认肉的弹力，将重叠部分的肉翻开按压检查，以确定内侧是否熟透。 4

**7** 烤熟之后，进入最后的烤制阶段。将火力提升至6，将鸡肉面充分烤上烧色。 6

**8** 把烧得通红的炭堆积起来，把火力增强到10。翻面，将鸡皮面浮出的油脂都烤干，就烤好了。 10

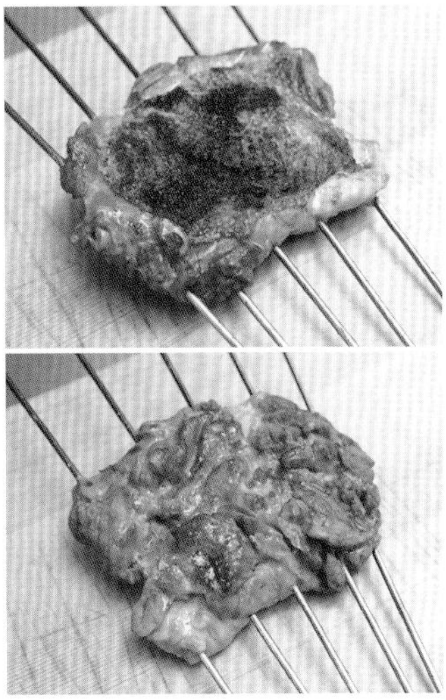

**9** 烤制完成。上图中为鸡皮面，下图中为鸡肉面。

多汁醇厚的美味，
咀嚼时弹牙的口感充满魅力

# 鸡腿肉

盐烤

撒盐和胡椒粉→烤制→盖铝箔纸→烤制

○鸡腿肉的魅力在于肉汁丰富和肉质软嫩。之前骏河斗鸡只用了盐来烤，但是这里使用的鸡腿肉脂肪较多，所以再撒些胡椒粉来提味。

○肉较厚且水分含量也高，为了更易烤熟要盖上铝箔纸，以较小的火慢慢蒸烤，最后再用大火把表面烤得酥脆就完成了。

○从肉中溢出的油脂大量滴落在炭上，盖上铝箔纸让肉充分沾染上烟熏香气。这里使用的是有名的品种鸡『富士微笑走地鸡』。

肉汁丰富的腿肉，
美味升级的关键是焦脆的表皮

［撒盐和胡椒粉］

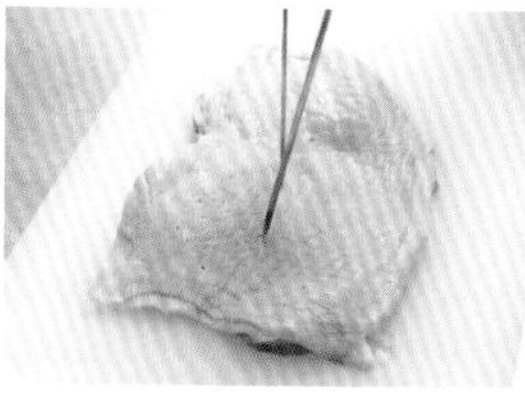

**1** 用金属烤扦或者刀尖在鸡皮上戳出数个孔洞。这样可以更易入味、更易烤熟，还可以防止鸡皮收缩。

**2** 铁盘内撒上盐和胡椒粉，鸡皮面朝下将鸡腿肉摆在铁盘内，再从上方撒上盐和胡椒粉。在常温下静置1小时。

［穿串］

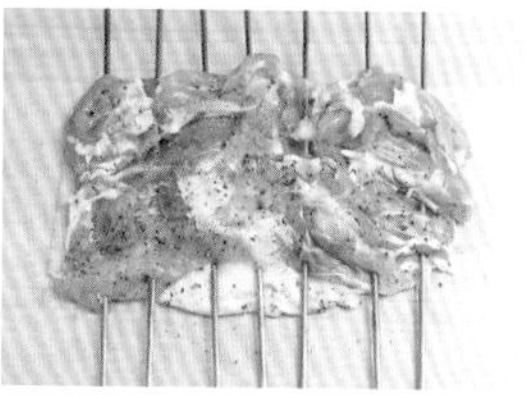

用与骏河斗鸡（见169页）同样的方法穿入7根烤扦。烤扦的数量可根据肉的大小适当增减。

［烤制］

**1** 将烧得通红的炭堆积起来，将火力调整成大火10。 10

**2** 从表皮面开始烤。 10

**3** 油脂从表皮滴落到炭上，会有烟雾升起。 10

**4** 烤出如图所示程度的焦痕之后，翻面烤鸡肉面。将火力降至3~4。 3~4

**5** 油脂滴落在炭上容易燃起火焰，所以盖铝箔纸之前先在炭上撒些炭灰。如果有明火燃起，肉会染上烟灰味道。 3~4

**6** 相比骏河斗鸡，肉更厚些，所以在这一步要盖上铝箔纸。翻面数次，慢慢蒸烤。烤制中用手指按压肉最厚的部分，确认变熟的程度。 3~4

**7** 确认烤熟之后，进入最后的烤制阶段。拿掉铝箔纸，将火力调整至大火10，烤表皮面，将油脂彻底烤干。若油脂有残留，表皮就无法烤至焦脆。 10

**8** 翻面烤鸡肉面，将积聚的油脂也彻底烤干。 10

**9** 烤制完成。

# 鸡胸肉／骏河斗鸡

炙烤

撒盐→烤制

○鸡胸肉总是给人味道寡淡的印象，但斗鸡系品种的胸肉却有着独特的嚼劲与美味。与小型肉鸡类品种的胸肉相比，有着完全不同的强烈味道。

○这里使用土佐烧（见90页）风格的炙烤表面的方式来烤制。最初用大火烤表面，然后转小火烤，同时利用余热慢慢调节受热程度。目标是烤至大约4成熟。

［穿串］

**1** 将与鸡翅连接处的那块肉切掉，调整鸡胸肉的形状。

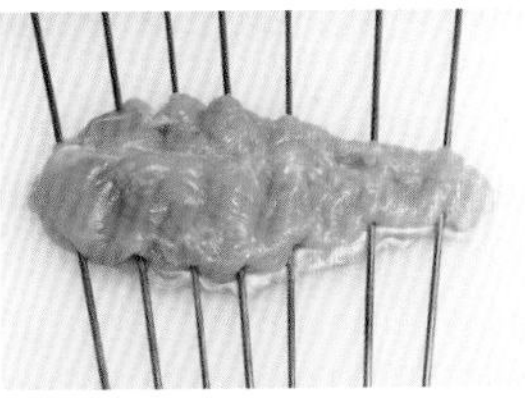

**2** 按照右侧、左侧、正中、右起第2根、右起第3根、左起第2根、左起第3根的顺序来穿入烤扦。

［撒盐］

烧烤之前才在肉的两面撒上薄薄一层盐。腿肉因为脂肪较多，撒盐之后需要静置一段时间使其入味，但是胸肉脂肪少容易入味，所以撒盐之后可马上烤。

烤得焦香酥脆的表面的余热，
慢慢传导到中心部分。
推荐搭配盐和山葵泥一起食用

## 【烤制】

**1** 将烧得通红的炭高高地堆积起来，将火力调整至大火10。 10

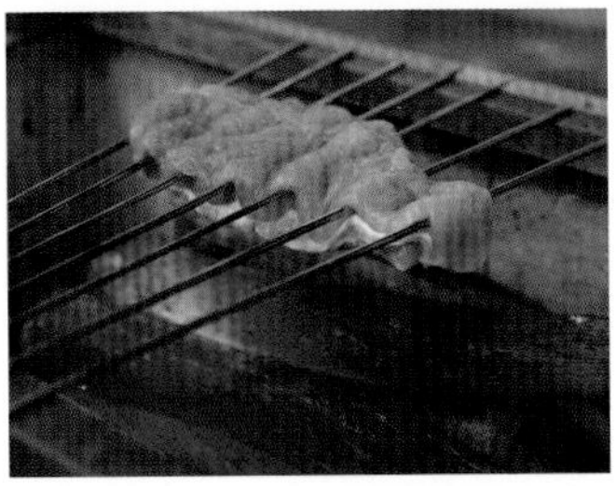

**2** 用扇子扇风使炭充分燃烧，从鸡皮面开始烤。用只烤表皮的感觉来烤制。 10

**3** 鸡皮面烤至1成熟之后翻面，鸡肉面也烤至1成熟。 10

**4** 将烤串移到火力1~2的小火区域，翻面，鸡皮面烤至熟度再加1成。 1~2

**5** 翻面，鸡肉面也烤至熟度再加1成。 1~2

**6** 鸡皮面开始有油脂浮出之后，将烤串移到大火10的区域，翻面将鸡皮面的油脂烤干。 10

**7** 烤制完成。上图中为鸡皮面，下图中为鸡肉面。推荐搭配盐和山葵泥一起食用。

# 猪肩胛肉

**盐烤**

撒盐和胡椒粉→烤制（盖铝箔纸）→烤制

○用较小的火慢慢烤制，从大块脂肪部分逼出脂肪。这样既能去除多余脂肪，又能让脂肪部分保持柔软湿润的状态。

○因为肉块比较厚，烤制时要盖上铝箔纸，以像在烤箱中蒸烤的状态来烤。

［撒盐和胡椒粉］

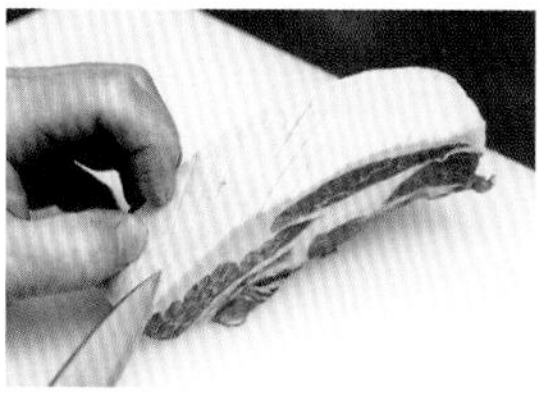

**1** 为了在烤制时更易逼出脂肪，在大块脂肪部分划出格子状的刀口。一块267g。

**2** 铁盘内撒上盐和胡椒粉，摆上猪肉，再从上方撒上盐和胡椒粉。因为脂肪多，所以要撒多一些。

**3** 在常温下静置1小时后的猪肉。

［穿串］

按照右侧、左侧、正中、右起第2根、左起第2根的顺序穿入烤扦。在大约一半厚度的位置刺穿烤扦。

## [烤制]

**1** 将火力调整至3~4。因为肉块有大块脂肪部分，所以在炭上覆盖炭灰，不要让火焰燃起来。3~4

**2** 架上烤串。在大块脂肪部分的那侧放上一根炭，以慢慢逼出脂肪。3~4

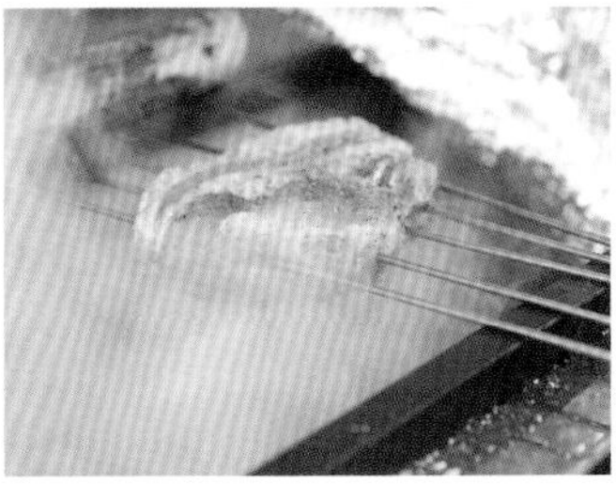

**3** 肉块比较厚，需要慢慢地烤熟，所以一开始就用较小的火烤并且盖上铝箔纸。猪肉没有霜降脂肪，如果一开始就用大火将猪肉表面烤得凝固变硬，之后就较难烤熟了。3~4

**4** 如图所示，下面那面大致烤熟了。3~4

**5** 烤至如图所示的程度之后翻面。用手指按压确认弹力，以此来判断变熟的程度。3~4

**6** 再次盖上铝箔纸来烤。铝箔纸内充满了烟雾，烟熏香气会沾染到猪肉浮出的油脂上。油脂滴落到炭上，又会有更多烟雾升起。3~4

**7** 翻面。进入最后的烤制阶段，不用大火而是一直保持较小的火。也并不需要勤快地翻面，大概翻面3次左右，将两面的烧色调整至一致即可。3~4

**8** 用烤扦试着插入，以确定中心的温度。3~4

**9** 烤制完成。大块脂肪部分变得柔软、滋润，而且去除了多余的脂肪。推荐搭配柚子胡椒*一起食用。

*柚子胡椒，指日本九州特有的一种调味料，多用日本柚子（香橙）的皮、青辣椒和盐等制成。在日本九州的部分地区，青辣椒被称为『胡椒』，所以这种调味料就被称为『柚子胡椒』。

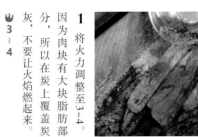

猪肉脂肪的美味
与炭火烟熏香气的调和

# 竹笋

**渍烤**

**预先煮→冷却→烤制→刷酱烤制**

○预先将竹笋在出汁中煮一下，让其吸收淡淡的出汁味道，再进行渍烤。除非是早上刚挖到的新鲜竹笋，不然先用出汁煮过之后再烤会更美味。内部像蒸烤时那样变得膨胀松软，是炭火烤制才会有的效果，切开的瞬间热乎乎的蒸汽都冒了出来，因此竹笋本身不会水水的，味道也能充分发挥出来。

○从比较厚的部分开始烤，要时常改变烤串的位置或者移动炭，让竹笋各个部分都受热均匀。最后可撒上切碎的山椒嫩叶。

**[煮竹笋]**

竹笋　4根（650 g）
二番出汁　2.5 mL
昆布　15 g
盐　10 g
淡口酱油　10 mL
浓口酱油　20 mL
味淋　25 mL
清酒　100 mL

※将去除浮沫之后的竹笋和二番出汁、昆布一起开火煮沸。一边确认味道，一边依序放入盐、淡口酱油、浓口酱油、味淋和清酒来调味。

**1** 煮好的竹笋就在锅中静置冷却，然后连煮汁一起移至密封容器中。为了让竹笋保持湿润，盖上厨房用纸，使竹笋整体都被煮汁包裹住。

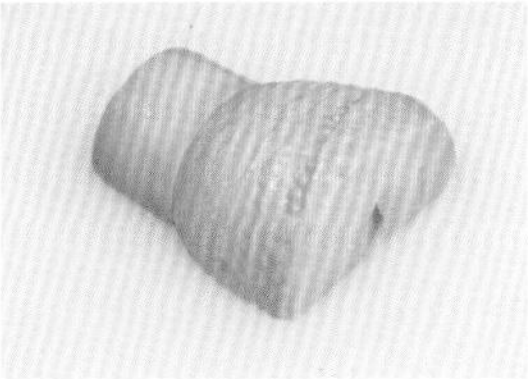

**2** 腌渍一晚后的竹笋。

**[幽庵腌渍料（涂刷用）]**

味淋　3份
清酒　1份
浓口酱油　1.5份

※将味淋和清酒混合后煮沸，使酒精挥发，静置放凉后再加入浓口酱油，混合均匀即制成，做法详见15页。

**[穿串]**

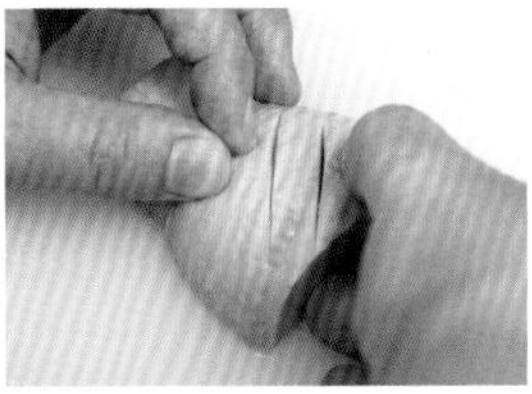

**1** 将较坚硬的部分切掉，再在表面划出刀口，这样更容易烤熟。表面刀口的入刀深度为竹笋厚度的3/10~2/5。

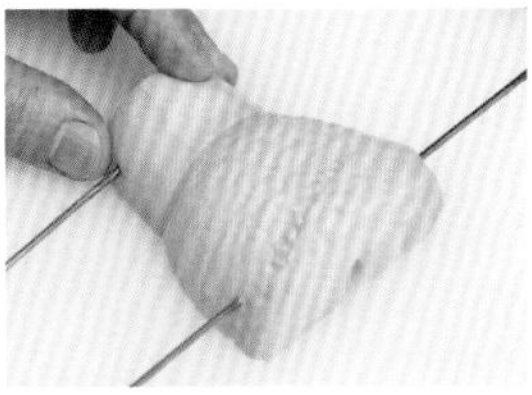

**2** 首先在最右端穿入1根烤扦，接下来在最左端穿入1根烤扦。都是在竹笋一半高度的位置穿过去。

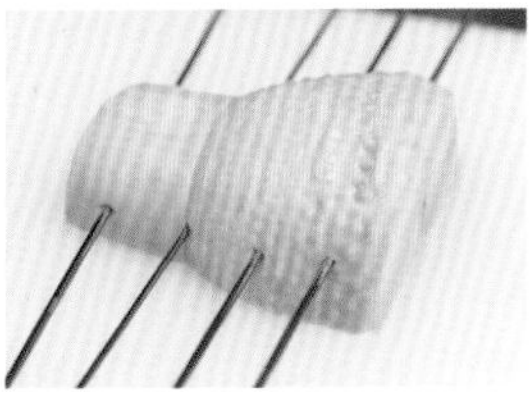

**3** 接下来穿入右起第2根烤扦，再穿入左起第2根烤扦。烤扦是垂直于竹笋纤维方向穿入的。若沿着竹笋纤维方向穿入烤扦，则柔软的竹笋尖头部分很容易散掉。

咬下时竹笋中的出汁
慢慢四溢开来充满口腔

## [烤制]

**1** 将火力调整至7~8的大火，从带皮面开始烤。如果用小火来烤，表皮会变成枯萎脱水的状态。 7~8

**2** 表面渐渐被烤干，且稍稍烤出少许焦痕之后，翻面开始烤纵切面。 7~8

**3** 用刷子在带皮面刷上幽庵腌渍料。如果表面没有预先烤干，则幽庵腌渍料就无法很好地附着。 7~8

**4** 竹笋的尖头部分与根部在厚度和质感上是有差异的，所以可以变换烤串方向，或重新调整炭的堆积位置等，使竹笋整体均匀受热。 7~8

**5** 烤出如图所示程度的焦痕之后，翻面烤带皮面。 7~8

**6** 在纵切面刷上幽庵腌渍料。幽庵腌渍料落在炭上会有烟雾升起产生熏烤效果。烟熏香气也会成为竹笋美味的一部分。 7~8

**7** 从侧面可以观察到，带皮面基本上烤熟了。 7~8

**8** 翻面，在带皮面刷上幽庵腌渍料。之后再翻面3~4次，两面都刷上幽庵腌渍料，整体烤出看起来很香的焦黄色泽。幽庵腌渍料落到炭上火力会变弱，要适当添加替换新炭。 7~8

**9** 烤出如图所示程度的浓郁烧色。 7~8

**10** 烤至焦痕呈现光泽感，就算烤制完成了。拔出烤扦后切成小块。

著者介绍

奥田透（おくだ・とおる）

一九六九年出生于日本静冈县静冈市。高中毕业之后，在静冈的割烹旅馆开始日本料理的学习。之后又在京都、德岛继续学习日本料理，一九九九年回到故乡静冈，在市内开设名为「春夏秋冬 花见小路」的料理店。

二〇〇三年，为了寻求更宽广的发展空间，在东京银座开设料理店「银座小十」。二〇〇七年，该店获得米其林三星最高荣誉。二〇一一年，在银座五丁目开设料理店「银座奥田」。开店当年，「银座奥田」继「银座小十」之后，再获米其林二星荣誉。二〇一二年，「银座小十」迁店至「银座奥田」所在的同栋大楼的四楼，终于实现了一直以来迁店及扩增席位的愿望。二〇一三年九月，在法国开设「银座奥田」的巴黎分店「PARIS OKUDA」，积极致力于促进巴黎的鲜鱼流通。二〇一七年十一月，在美国纽约开设料理店「NEW YORK OKUDA」。

主要著作有《做鱼：海鲜的日本料理》（柴田书店）、《全世界最小的三星料理店》（POPLAR 社）、《经典定式 COOKING 做出美味和食》（世界文化社）。

与「银座小十」的厨师们。

右起：八田和哉、远藤光宏、本书著者、户崎刚、安井大和（敬称略）。

银座小十
〒104-0061
东京都中央区银座 5丁目
4-8 CARIOCA 大厦 4F
电话：+81 3 6215 9544

银座奥田
〒104-0061
东京都中央区银座 5丁目
4-8 CARIOCA 大厦 B1
电话：+81 3 5537 3338

PARIS OKUDA
7, Rue de la Trémoille,
Paris 75008 France
电话：+ 33 1 4070 1919
E-mail：info@okuda.fr

NEW YORK OKUDA
458 West 17th Street
New York, NY10011
电话：+1 212 924 0017
E-mail：info@okuda.nyc

日文原版相关制作人员
摄影：大山裕平　设计：中村善郎Yen设计工作室　编辑：佐藤顺子

备案号：豫著许可备字-2018-A-0059


**图书在版编目（CIP）数据**

米其林主厨的炭火烧烤技法图典 / (日) 奥田透著；葛婷婷译. —郑州：河南科学技术出版社，2021.10

ISBN 978-7-5725-0264-4

Ⅰ. ①米…　Ⅱ. ①奥…　②葛…　Ⅲ. ①烧烤-技术-日本-图集　Ⅳ. ①TS972. 119-64

中国版本图书馆CIP数据核字（2021）第088735号

---

出版发行：河南科学技术出版社
地址：郑州市郑东新区祥盛街27号　邮编：450016
电话：（0371）65737028　65788613
网址：www.hnstp.cn
策划编辑：李迎辉
责任编辑：李迎辉
责任校对：崔春娟
封面设计：张　伟
责任印制：张艳芳
印　　刷：河南瑞之光印刷股份有限公司
经　　销：全国新华书店
开　　本：787mm × 1092mm　1/16　印张：11.5　字数：380千字
版　　次：2021年10月第1版　2021年10月第1次印刷
定　　价：79.00元

---

如发现印、装质量问题，影响阅读，请与出版社联系并调换。